AF403801

8,607

PUBLICATIONS DE L'ÉTAT
INDÉPENDANT DU CONGO

CAP<sup>NE</sup> LEMAIRE CH.

Résultats des Observations astronomiques, magnétiques et altimétriques
effectuées sur le territoire de l'État Indépendant du Congo, du Mardi 10 janvier 1899 au Samedi 25 mars 1899

———— Section M'pwéto-Lofoï ————

PAR LE

# CAPITAINE LEMAIRE CHARLES

DU 2<sup>mo</sup> RÉGIMENT D'ARTILLERIE

Ancien commissaire du District de l'Équateur
Membre correspondant de l'Institut Colonial International
et de la Société de Colonisation de Washington (Amérique)
Membre titulaire de la Société de Géographie commerciale de Paris
Membre d'honneur de la Société Royale de Géographie d'Anvers, etc.

CHEF DE LA MISSION SCIENTIFIQUE DU KA-TANGA

## Troisième mémoire

Aide-observateur : M. FRANZ MICHEL.

PUBLICATIONS DE L'ÉTAT
INDÉPENDANT DU CONGO

CAP<sup>NE</sup> LEMAIRE CH.

# Mission Scientifique du Ka-Tanga

Résultats des Observations astronomiques, magnétiques et altimétriques effectuées sur le territoire de l'État indépendant du Congo, du Mardi 10 janvier 1899 au Samedi 25 mars 1899

— Section M'pwéto-Lofoï —

PAR LE

## Capitaine Lemaire Charles

DU 2me RÉGIMENT D'ARTILLERIE

Ancien commissaire du District de l'Équateur
Membre correspondant de l'Institut Colonial International
et de la Société de Colonisation de Washington (Amérique)
Membre titulaire de la Société de Géographie commerciale de Paris
Membre d'honneur de la Société Royale de Géographie d'Anvers, etc.

CHEF DE LA MISSION SCIENTIFIQUE DU KA-TANGA

# Troisième mémoire

Aide-observateur : M. FRANZ MICHEL

## Résultats des Observations.

| STATIONS | LATITUDE | LONGITUDE Est Greenwich | ALTITUDES en mètres au-dessus du niveau de la mer | MAGNÉTISME | | | OBSERVATIONS |
|---|---|---|---|---|---|---|---|
| | | | | DÉCLINAISON OCCIDENTALE | INCLINAISON | INTENSITÉ HORIZONTALE | |
| M'pwéto-Station | — 8° 28' 32",70 | 28° 32' 35",54 (culminations lunaires) | niveau du lac : 950 | 12° 0' 35",92 (le 31 octobre 1898) | 30° 10' 48",53 | 0,1311 | Pour rappel. |
| Rivière Mo-Lombé (ancien village Ka-Loulwa) | — 8° 50' 41",40 | 28° 35' 11",62 | 1095 | 12° 11' 20",10 (le 11 janvier 1899) | 37° 23' 1",80 | 0,1350 | Point de station sur la rive droite de la Mo-Lombé; le lac est à environ 3 1/2 kilomètres à l'Est. |
| Mo-Banga (village) | — 9° 5' 3",42 | 28° 22' 15",67 | quelques mètres au-dessus du lac | 12° 18' 51",24 (le 14 janvier 1899) | 82° 21' 27",10 | 0,1311 | Une butte marque le point de station. |
| Camp de Mo-Linga (station de Kilwa) | — 9° 17' 25",89 | 28° 24' 33",59 | 6 mètres au-dessus du lac | 12° 42' 19",55 (le 18 janvier 1899) | 36° 48' 37",80 | 0,1320 | Un pilier en maçonnerie doit être élevé par le lieutenant Cerckell. |
| Ka-Béça (village) (chef El-Lomba) | — 9° 23' 22",07 | 28° 21' 16",00 (culminations lunaires) | quelques mètres au-dessus du lac | 12° 35' 9",22 (le 23 janvier 1899) | 37° 9' 54",80 | 0,1345 | Une butte marque le point de station. |
| Rivière Ka-Toula | — 9° 35' 46",72 | 28° 11' 34",74 | idem | . . . . . | . . . . . | . . . . | |
| Wamôla (village) (chef Ka'n'Sambali) | — 9° 46' 3",86 | 28° 13' 11",84 | idem | 12° 56' 56",53 (le 11 février 1899) | 36° 46' 5",00 | 0,1356 | Rive droite de la Ka-Toña. |
| Pa-Windé (village) (chef Ka-Pwassa) | — 9° 56' 39",10 | 28° 10' 40",56 | idem | 13° 21' 13",41 (le 14 février 1899) | 37° 7' 00",00 | 0,1351 | Une butte marque le point de station. |
| Rivière N'toungwé | — 9° 59' 5",81 | 28° 5' 3",21 | 903 | . . . . . | . . . . . | . . . . | |
| ...Ka-Boula'M'pakati | — 9° 56' 53",81 | 27° 58' 29",84 | 1497 | 13° 0' 15",51 (le 16 février 1899) | 37° 21' 35",00 | 0,1355 | Une butte marque le point de station. |
| Lofoï-Station | — 10° 11' 43",76 | 27° 25' 23",86 (culminations lunaires) | 900 | 13° 15' 13",12 au magnétomètre Delporte (le 25 mars 1899) 13° 20' 17",35 au théodolite d'Huffleeau | 37° 56' 43",00 | 0,1384 | Pilier en briques dans le boma de la station. |

# Latitudes.

La Station de M'pwéto est caractérisée comme suit :


**Latitude   : —   8° 28' 32",70**

**Longitude :     28° 52' 55",54 Est Greenwich.**

**Altitude du niveau du lac Moéro : 950 mètres.**


De plus l'observation de l'heure avait donné, pour le chronomètre 737,
à M'pwéto :

le 24 Novembre 1898, à $0^h$ $3^m$     dh $= +$ $4^m$ 23$^s$,256;
le 1$^{er}$ Décembre 1898, à $0^h$ 43$^m$     dh $= +$ $4^m$ 18$^s$,490.

## OBSERVATION DES LATITUDES

| DATE | Cercle | ÉTOILES | Distance Zénithale apparente $Z_a$ | Réfraction $\rho_m$ | Distance Zénithale vraie $Z_v = Z_a + \rho_m$ | DÉCLINAISON $\delta$ | LATITUDE $\varphi = Z_v + \delta$ | OBSERVATIONS |
|---|---|---|---|---|---|---|---|---|
| | | | | | | | | |
| | | *Station à la rivière Mo-Lombé, ancien village Ka-Loulwa* | | | | | | |
| Mardi 10 janvier 1899 | E. | z Bélier | — 32° 11' 15",00 | 36",66 | — 32° 11' 51",66 | + 22° 59' 18",10 | — 0° 12' 33",56 | Théodolite d'Hurlimann |
| | | δ Céti | — 9° 5' 45",00 | 9",30 | — 9° 5' 54",30 | — 0° 6' 22",80 | 12' 17",10 | |
| | | γ Baleine | — 12° 1' 00",00 | 12",42 | — 12° 1' 12",42 | + 2° 48' 40",80 | 12' 31",62 | |
| | | 41 Bélier | — 36° 2' 45",00 | 42",35 | — 36° 3' 27",35 | + 20° 50' 50",40 | 12' 30",95 | |
| | | η Eridan | + 0° 4' 30",00 | 0",07 | + 0° 4' 30",07 | — 9° 18' 0",00 | 13' 29",93 | |
| | | β Persée (Algol) | — 49° 46' 15",00 | 1' 8",85 | — 49° 47' 23",85 | + 40° 34' 15",00 | 13' 7",95 | |
| | | α Persée | — 58° 41' 45",00 | 1' 35",70 | — 58° 43' 20",70 | + 49° 30' 22",80 | 12' 57",00 | |
| | | ξ Taureau | — 18° 35' 00",00 | 19",56 | — 18° 35' 19",56 | + 9° 22' 55",80 | 12' 23",76 | |
| | O. | α Taureau (Aldébaran) | — 24° 46' 30",00 | 26",92 | — 24° 46' 56",92 | + 16° 18' 27",90 | — 8° 28' 29",02 | |
| | | β Orion (Rigel) | — 0° 9' 00",00 | 0",15 | — 0° 9' 0",15 | — 8° 19' 8",10 | 28' 8",25 | |
| | | Cercle Est   Z +   φ = | | | | | — 9° 13' 29",93 | |
| | | Z — | | | | | 12' 38",40 | |
| | | Cercle Ouest  Z — | | | | | — 8° 28' 18" 63 | |
| | | **Latitude conclue :**   Φ = | | | | | — 8° 50' 41",40 | |
| | | *Station à Mo-Banga-Village (lac Moéro)* | | | | | | |
| Samedi 14 janvier 1899 | E. | γ Baleine | — 12° 16' 00",00 | 12",68 | — 12° 16' 12",68 | + 2° 48' 40",50 | — 0° 27' 32",18 | Théodolite d'Hurlimann |
| | | π Céti | + 4° 49' 15",00 | 4",95 | + 4° 49' 19",95 | — 14° 17' 12",60 | 52",05 | |
| | | μ Céti | — 19° 8' 45",00 | 20",27 | — 19° 9' 5",27 | + 9° 41' 22",50 | 42",77 | |
| | | 41 Bélier | — 36° 17' 30",00 | 42",74 | — 36° 18' 12",74 | + 20° 50' 50",30 | 22",44 | |
| | | η Eridani | — 0° 9' 45",00 | 0",17 | — 0° 9' 45",17 | — 9° 18' 0",40 | 45",57 | |
| | | ε Bélier | — 30° 23' 30",00 | 34",23 | — 30° 24' 4",23 | + 20° 56' 21",50 | 42",73 | |
| | | τ3 Eridan | + 14° 35' 00",00 | 15",13 | + 14° 35' 15",13 | — 24° 1' 17",50 | 26' 2",37 | |
| | O. | δ Bélier | — 28° 1' 45",00 | 31",04 | — 28° 2' 16",04 | + 19° 20' 50",60 | — 8° 41' 25",44 | |
| | | 12 Eridan | + 20° 49' 45",00 | 22",15 | + 20° 50' 7",15 | — 29° 23' 14",60 | 33' 7",45 | A rejeter |
| | | e Eridan | + 34° 43' 45",00 | 40",40 | + 34° 44' 25",40 | — 43° 27' 30",50 | 43' 5",10 | |
| | | ξ Taureau | — 18° 4' 15",00 | 18",98 | — 18° 4' 33",98 | — 9° 22' 55",00 | 41' 38",38 | |
| | | f Tauri | — 21° 18' 15",00 | 22",76 | — 21° 18' 37",76 | + 12° 35' 32",40 | 43' 5",36 | |
| | | ε Eridan | + 1° 5' 45",00 | 1",09 | + 1° 5' 46",09 | — 9° 48' 3",50 | 42' 17",41 | |
| | | δ Persée | — 50° 9' 30",00 | 1' 20",85 | — 50° 10' 50",85 | + 47° 28' 7",80 | 42' 49",05 | |
| | | δ Eridan | + 1° 22' 45",00 | 1",39 | + 1° 22' 46",39 | — 10° 6' 10",70 | 43' 33",31 | |
| | | γ Hydre mâle | + 65° 48' 30",00 | 2' 9",10 | + 65° 50' 39",10 | — 74° 33' 6",50 | 42' 27",40 | |
| | | Cercle Est   Z +   φ = | | | | | — 9° 26' 57",51 | |
| | | Z — | | | | | 27' 37",14 | |
| | | Cercle Ouest  Z + | | | | | — 8° 42' 50",80 | |
| | | Z — | | | | | 42' 14",56 | |
| | | **Latitude conclue :**   Φ = | | | | | — 9° 4' 55",00 | |

## OBSERVATION DES LATITUDES

| DATE | Cercle | ÉTOILES | Distance Zénithale apparente $Z_a$ | Réfraction $\rho_m$ | Distance Zénithale vraie $Z_v = Z_a + \rho_m$ | DÉCLINAISON $\delta$ | LATITUDE $\varphi\, Z_v = +\delta$ | OBSERVATIONS |
|---|---|---|---|---|---|---|---|---|
| | | | | | | | | |

— Station à Mo-Banga-Village —

(Lac Moéro)

| DATE | Cercle | ÉTOILES | $Z_a$ | $\rho_m$ | $Z_v = Z_a + \rho_m$ | DÉCLINAISON $\delta$ | LATITUDE | OBSERVATIONS |
|---|---|---|---|---|---|---|---|---|
| Dimanche 15 janvier 1899 | O. | γ Baleine | — 11° 31′ 45″,00 | 11″,88 | — 11° 31′ 56″,88 | + 2° 48′ 40″,45 | — 8° 43′ 16″,43 | Théodolite d'Hurlimann |
| | | π Céti | + 5° 33′ 45″,00 | 5″,68 | + 5° 33′ 50″,68 | — 14° 17′ 12″,05 | 21″,97 | |
| | | 41 Bélier | — 35° 33′ 15″,00 | 41″,66 | — 35° 33′ 56″,66 | + 26° 50′ 50″,25 | 6″,41 | |
| | | τ³ Eridan | + 15° 17′ 45″,00 | 15″,92 | + 15° 18′ 0″,92 | — 24° 1′ 17″,55 | 16″,63 | |
| | | β Persée (Algol) | — 49° 16′ 45″,00 | 1′ 7″,68 | — 49° 17′ 52″,68 | + 40° 34′ 16″,00 | 36″,68 | |
| | | 12 Eridan | + 20° 39′ 45″,00 | 21″,96 | + 20° 40′ 6″,96 | — 29° 23′ 14″,70 | 7″,74 | |
| | | e Eridan | + 34° 43′ 45″,00 | 40″,41 | + 34° 44′ 25″,41 | — 43° 27′ 30″,55 | 5″,14 | |
| | | α Persée | — 58° 11′ 45″,00 | 1′ 33″,84 | — 58° 13′ 18″,84 | + 49° 30′ 23″,10 | 42′ 55″,74 | |
| | E. | ε Eridan | + 0° 20′ 45″,00 | 0″,34 | + 0° 20′ 45″,34 | — 9° 48′ 3″,60 | — 9° 27′ 18″,26 | |
| | | ∂ Persée | — 57° 18′ 00″,00 | 1′ 30″,64 | — 57° 19′ 30″,64 | + 47° 28′ 7″,85 | 51′ 22″,70 | A rejeter. Erreur d'Etoile |
| | | ν Persée | — 51° 43′ 30″,00 | 1′ 13″,84 | — 51° 44′ 43″,84 | — 42° 15′ 48″,25 | 28′ 55″,50 | N'entre pas dans φ |
| | | δ Eridan | + 0° 38′ 45″,00 | 0″,66 | + 0° 38′ 45″,66 | — 10° 6′ 19″,75 | 27′ 34″,09 | |
| | | η Taureau | — 33° 14′ 15″,00 | 38″,26 | — 33° 14′ 53″,26 | + 23° 47′ 42″,85 | 27′ 10″,41 | |
| | | ζ Persée | — 41° 1′ 30″,00 | 50″,74 | — 41° 2′ 20″,74 | + 31° 35′ 11″,50 | 27′ 9″,24 | |
| | | o¹ Eridani | — 2° 21′ 00″,00 | 2″,36 | — 2° 21′ 2″,36 | — 7° 0′ 4″,10 | 27′ 6″,46 | |
| | | o² Eridani | — 1° 38′ 15″,00 | 1″,64 | — 1° 38′ 16″,64 | — 7° 48′ 37″,15 | 26′ 53″,79 | |
| | | γ Taureau | — 24° 49′ 30″,00 | 27″,00 | — 24° 49′ 57″,00 | + 15° 23′ 6″,75 | 26′ 50″,25 | |
| | | α Eridan | + 24° 47′ 37″,50 | 26″,96 | + 24° 48′ 4″,46 | — 34° 15′ 12″,95 | 27′ 8″,49 | |
| | | ε Taureau | — 28° 24′ 15″,00 | 31″,52 | — 28° 24′ 46″,52 | + 18° 57′ 29″,40 | 27′ 17″,12 | |
| | | 53 Eridan | + 5° 3′ 00″,00 | 5″,61 | + 5° 3′ 5″,61 | — 14° 30′ 9″,35 | 27′ 3″,74 | |

Cercle Est $\quad Z +\qquad \varphi = \quad$ — 0° 27′ 16″,14

$Z - \qquad$ 4″,55

Cercle Ouest $\quad Z +\qquad$ — 8° 43′ 12″,87

$Z - \qquad$ 13″,81

**Latitude conclue :** $\quad \Phi = \quad$ — 9° 5′ 11″,84

**Moyenne des observations du 14 et du 15 janvier =** — 9° 5′ 3″,42

## OBSERVATION DES LATITUDES

| DATE | Cercle | ÉTOILES | Distance Zénithale apparente $Z_a$ | Réfraction $\rho_m$ | Distance Zénithale vraie $Z_v = Z_a + \rho_m$ | DÉCLINAISON $\delta$ | LATITUDE $\varphi = Z_v + \delta$ | OBSERVATIONS |
|---|---|---|---|---|---|---|---|---|
| | | | **——— Station à Mo-Linga (lac Moéro) ———** | | | | | |
| Mardi 17 janvier 1899 | E. | ζ Persée | — 41° 13' 15",00 | 51",10 | — 41° 14' 0",10 | + 31° 35' 11",60 | — 0° 38' 54",50 | Théodolite d'Hurlimann |
| | | γ¹ Eridan | + 4° 8' 45",00 | 8",00 | + 4° 8' 51",00 | — 13° 47' 47",70 | 56",70 | |
| | | ν Tauri | — 15° 21' 7",50 | 16",00 | — 15° 21' 23",50 | + 5° 42' 35",20 | 48",30 | |
| | | γ Taureau | — 25° 0' 52",50 | 27",20 | — 25° 1' 19",70 | + 15° 23' 6",70 | 13",00 | |
| | O. | ν Eridani | — 5° 23' 00",00 | 5",50 | — 5° 23' 5",50 | — 3° 33' 32",60 | — 8° 56' 38",10 | |
| | | 53 Eridan | + 5° 34' 30",00 | 5",70 | + 5° 34' 35",70 | — 14° 30' 9",70 | 55' 34",00 | |
| | | α Burin | + 33° 6' 15",00 | 38",05 | + 33° 6' 53",05 | — 42° 3' 32",10 | 56' 30",05 | |
| | | π¹ Orion | — 15° 42' 30",00 | 16",40 | — 15° 42' 46",40 | + 6° 47' 7",20 | 55' 30",20 | |
| | | ε Lièvre | + 13° 34' 15",00 | 14",10 | + 13° 34' 20",10 | — 22° 30' 28",40 | 55' 50",30 | |
| | | γ Orion | — 15° 11' 45",00 | 15",80 | — 15° 12' 0",80 | + 6° 15' 29",70 | 56' 31",10 | |
| | | η Gémeaux | — 31° 27' 45",00 | 35",60 | — 31° 28' 20",60 | + 22° 32' 10",00 | 56' 10",60 | |
| | | μ Gémeaux | — 31° 28' 45",00 | 35",70 | — 31° 29' 20",70 | + 22° 33' 54",70 | 55' 26",00 | |
| | | α Navire | + 43° 41' 30",00 | 55",61 | + 43° 42' 25",61 | — 52° 38' 33",80 | 56' 8",19 | |
| | | γ Gémeaux | — 25° 33' 51",50 | 27",70 | — 25° 24' 19",20 | + 16° 29' 5",80 | 55' 13",40 | |
| | | α Grand Chien (Sirius) | + 7° 38' 0",00 | 8",00 | + 7° 38' 8",00 | — 16° 34' 45",30 | 56' 37",30 | |
| | | | Cercle Est   Z +    φ = | | | | — 9° 38' 56",70 | |
| | | | Z — | | | | 38' 38",60 | |
| | | | Cercle Ouest  Z + | | | | — 8° 56' 11",57 | |
| | | | Z — | | | | 55' 56",40 | |
| | | | Latitude conclue :  Φ = | | | | — 9° 17' 25",82 | |
| | | | **——— Station à Ka-Béça-Village (chef Ki-Lomba) ———** (Sud du lac Moéro) | | | | | |
| Mercredi 18 janvier 1899 | E. | β Orion (Rigel) | — 1° 3' 25",00 | 1",05 | — 1° 3' 26",05 | — 8° 19' 9",20 | — 9° 22' 35",25 | Cercle méridien |
| | | γ Orion | — 15° 37' 35",00 | 16",27 | — 15° 37' 51",27 | + 6° 15' 29",60 | 21",67 | |
| | | δ Orion | — 8° 59' 55",00 | 9",20 | — 9° 0' 4",20 | — 0° 22' 29",20 | 33",40 | |
| | | α Lièvre | + 8° 31' 2",50 | 8",73 | + 8° 31' 11",23 | — 17° 53' 45",70 | 34",47 | |
| | | ε Orion | — 8° 6' 45",00 | 8",32 | — 8° 6' 53",32 | — 1° 16' 1",90 | 55",22 | |
| | | ζ Orion | — 7° 22' 25",00 | 7",91 | — 7° 22' 32",91 | — 1° 59' 48",90 | 21",81 | |
| | O. | α Navire | + 43° 13' 50",00 | 55",07 | + 43° 14' 45",07 | — 52° 38' 34",10 | — 9° 23' 49",03 | |
| | | α Grand Chien (Sirius) | + 7° 10' 30",00 | 7",37 | + 7° 10' 37",37 | — 16° 34' 45",50 | 24' 8",13 | |
| | | θ Gémeaux | — 43° 28' 15",00 | 55",20 | — 43° 29' 10",20 | + 34° 4' 57",60 | 24' 12",60 | |
| | | ε Grand Chien | + 19° 25' 45",00 | 20",59 | + 19° 26' 5",59 | — 28° 50' 12",70 | 24' 7",11 | |
| | | | Cercle Est   Z +    φ = | | | | — 9° 22' 34",47 | |
| | | | Z — | | | | 33",47 | |
| | | | Cercle Ouest  Z + | | | | — 9° 24' 1",42 | |
| | | | Z — | | | | 12",60 | |
| | | | Latitude conclue :  Φ = | | | | — 9° 23' 20",49 | |

## OBSERVATION DES LATITUDES

| DATE | Cercle | ÉTOILES | Distance Zénithale apparente $Z_a$ | Réfraction $\rho_m$ | Distance Zénithale vraie $Z_v = Z_a + \rho_m$ | DÉCLINAISON $\delta$ | LATITUDE $\varphi\, Z_v = + \delta$ | OBSERVATIONS |
|---|---|---|---|---|---|---|---|---|
| | | **Station à Ka-Béça (chef Ki-Lomba)** (Sud du lac Moéro) | | | | | | |
| Jeudi 19 janvier 1890 | O. | ν Eridani | — 5° 50′ 45″,00 | 6″,00 | — 5° 50′ 51″,00 | — 3° 33′ 32″,90 | — 9° 24′ 23″,90 | |
| | | π¹ Orion | — 16° 11′ 2″,50 | 16″,91 | — 16° 11′ 19″,41 | + 6° 47′ 7″,10 | 24′ 12″,31 | |
| | | β Orion (Rigel) | — 1° 4′ 35″,00 | 1″,05 | — 1° 4′ 36″,05 | — 8° 10′ 0″,35 | 23′ 45″,40 | |
| | | γ Orion | — 15° 39′ 30″,00 | 16″,27 | — 15° 39′ 46″,27 | + 6° 15′ 20″,50 | 24′ 16″,77 | |
| | | α Lièvre | + 8° 29′ 27″,50 | 8″,73 | + 8° 29′ 36″,23 | — 17° 53′ 45″,90 | 24′ 0″,67 | |
| | E. | ζ Orion | — 7° 22′ 40″,00 | 7″,91 | — 7° 22′ 47″,91 | — 1° 50′ 40″,00 | — 9° 22′ 36″,91 | |
| | | α Orion | — 16° 45′ 47″,50 | 17″,57 | — 16° 46′ 5″,07 | + 7° 23′ 16″,50 | 48″,57 | |
| | | β Grand Chien | + 8° 31′ 47″,50 | 8″,74 | + 8° 31′ 56″,24 | — 17° 54′ 27″,60 | 31″,36 | |
| | | α Navire | + 43° 14′ 47″,50 | 55″,07 | + 43° 15′ 42″,57 | — 52° 38′ 34″,50 | 51″,93 | |
| | | γ Gémeaux | — 25° 51′ 32″,50 | 28″,29 | — 25° 52′ 0″,79 | + 16° 29′ 5″,75 | 55″,04 | |
| | | α Grand Chien (Sirius) | + 7° 11′ 45″,00 | 7″,37 | + 7° 11′ 52″,37 | — 16° 34′ 45″,80 | 53″,43 | |
| | | Cercle Est | | | Z + $\varphi$ = | | — 9° 22′ 46″,84 | |
| | | | | | Z — | | 22′ 45″,57 | |
| | | Cercle Ouest | | | Z + | | 24′ 9″,67 | |
| | | | | | Z — | | 24′ 9″,50 | |
| | | | | | **Latitude conclue : $\Phi$ =** | | — 9° 23′ 27″,92 | |
| Vendredi 20 janvier 1899 | E. | α Taureau (Aldébaran) | — 25° 40′ 50″,00 | 28″,06 | — 25° 41′ 18″,06 | + 16° 18′ 27″,60 | — 9° 22′ 50″,46 | Cercle méridien |
| | | π¹ Orion | — 16° 9′ 50″,00 | 16″,91 | — 16° 10′ 6″,91 | + 6° 47′ 7″,00 | 50″,91 | |
| | | ε Lièvre | + 13° 7′ 32″,50 | 13″,62 | + 13° 7′ 46″,12 | — 22° 30′ 29″,00 | 42″,88 | |
| | | β Orion (Rigel) | — 1° 3′ 37″,50 | 1″,05 | — 1° 3′ 38″,55 | — 8° 10′ 9″,50 | 48″,05 | |
| | | φ Orion | — 15° 38′ 5″,00 | 16″,27 | — 15° 38′ 21″,27 | + 6° 15′ 29″,40 | 51″,87 | |
| | O. | α Navire (Canopus) | + 43° 14′ 12″,50 | 55″,07 | + 43° 15′ 7″,57 | — 52° 38′ 34″,60 | — 9° 23′ 27″,23 | N'entre pas dans $\Phi$ |
| | | γ Gémeaux | — 25° 52′ 47″,50 | 28″,29 | — 25° 53′ 15″,79 | + 16° 20′ 5″,70 | 24′ 10″,00 | |
| | | α Grand Chien (Sirius) | + 7° 10′ 45″,00 | 7″,37 | + 7° 10′ 52″,37 | — 16° 34′ 46″,00 | 23′ 53″,63 | |
| | | ε Grand Chien | + 19° 26′ 00″,00 | 20″,59 | + 19° 26′ 20″,59 | — 28° 50′ 13″,30 | 23′ 52″,71 | |
| | | Cercle Est | | | Z + $\varphi$ = | | — 9° 22′ 42″,88 | |
| | | | | | Z — | | 22′ 52″,57 | |
| | | Cercle Ouest | | | Z + | | 23′ 53″,17 | |
| | | | | | Z — | | 24′ 10″,09 | |
| | | | | | **Latitude conclue : $\Phi$ =** | | — 9° 23′ 24″,68 | |

## OBSERVATION DES LATITUDES

| DATE | Cercle | ÉTOILES | Distance Zénithale apparente $Z_a$ | Réfraction $\rho m$ | Distance Zénithale vraie $Z_v = Z_a + \rho m$ | DÉCLINAISON $\delta$ | LATITUDE $\varphi = Z_v + \delta$ | OBSERVATIONS |
|---|---|---|---|---|---|---|---|---|
| | | | **—— Station à Ka-Béça-Village (chef Ki-Lomba) ——** | | | | | |
| | | | (Sud du lac Moéro) | | | | | |
| Mercredi 25 janvier 1899 | E. | ε Taureau | — 28° 20′ 2″,50 | 31″,44 | — 28° 20′ 33″,94 | + 18° 57′ 29″,20 | — 9° 23′ 4″,74 | Cercle méridien |
| | | α Taureau (Aldébaran) | — 25° 40′ 57″,50 | 28″,06 | — 25° 41′ 25″,56 | + 16° 18′ 27″,40 | 22′ 58″,16 | |
| | | 53 Eridan | + 5° 7′ 17″,50 | 5″,22 | + 5° 7′ 22″,72 | — 14° 30′ 10″,70 | 22′ 47″,98 | |
| | | α Burin | + 32° 40′ 7″,50 | 37″,36 | + 32° 40′ 44″,86 | — 42° 3′ 33″,05 | 22′ 48″,79 | |
| | | θ Camelop | — 75° 30′ 30″,00 | 3′ 42″,37 | — 75° 34′ 12″,37 | + 66° 10′ 32″,15 | 23′ 40″,22 | n'entre pas dans Φ |
| | | ι Cocher | — 42° 22′ 35″,00 | 53″,18 | — 42° 23′ 28″,18 | + 33° 0′ 29″,85 | 22′ 58″,33 | |
| | | ι Tauri | — 30° 49′ 15″,00 | 34″,85 | — 30° 49′ 49″,85 | + 21° 26′ 48″,85 | 23′ 1″,00 | |
| | | ε Lièvre | + 13° 7′ 25″,00 | 13″,62 | + 13° 7′ 38″,62 | — 22° 30′ 29″,80 | 22′ 51″,18 | |
| | | β Orion (Rigel) | — 1° 3′ 37″,50 | 1″,05 | — 1° 3′ 38″,55 | — 8° 19′ 10″,15 | 22′ 48″,70 | |
| | | γ Orion | — 15° 38′ 00″,00 | 16″,27 | — 15° 38′ 16″,27 | + 6° 15′ 29″,05 | 22′ 47″,22 | |
| | | α Lièvre | + 8° 30′ 52″,50 | 8″,73 | + 8° 31′ 1″,23 | — 17° 53′ 46″,90 | 22′ 45″,67 | |
| | | ε Orion | — 8° 6′ 32″,50 | 8″,32 | — 8° 6′ 40″,82 | — 1° 16′ 2″,60 | 22′ 43″,42 | |
| | | α Colombe | + 24° 44′ 17″,50 | 26″,88 | + 24° 44′ 44″,38 | — 34° 7′ 49″,20 | 23′ 4″,82 | |
| | | δ Dorade | + 56° 22′ 12″,50 | 1′ 27″,51 | + 56° 23′ 40″,01 | — 65° 40′ 36″,45 | 22′ 56″,44 | |
| | O. | θ Cocher | — 46° 35′ 00″,00 | 1′ 1″,56 | — 46° 36′ 1″,56 | + 37° 12′ 22″,90 | — 9° 23′ 38″,66 | |
| | | ν Orion | — 24° 9′ 55″,00 | 26″,20 | — 24° 10′ 21″,20 | + 14° 46′ 49″,35 | 31″,85 | |
| | | η Gémeaux | — 31° 55′ 00″,00 | 36″,26 | — 31° 55′ 36″,26 | + 22° 32′ 10″,00 | 26″,26 | |
| | | β Grand Chien | + 8° 30′ 35″,00 | 8″,74 | + 8° 30′ 43″,74 | — 17° 54′ 28″,75 | 45″,01 | |
| | | α Navire (Canopus) | + 43° 14′ 30″,00 | 55″,07 | + 43° 15′ 25″,07 | — 52° 38′ 36″,30 | 11″,23 | |
| | | γ Gémeaux | — 25° 52′ 15″,00 | 28″,29 | — 25° 52′ 43″,29 | + 16° 29′ 5″,55 | 37″,74 | |
| | | α GrandChien (Sirius) | + 7° 11′ 2″,50 | 7″,37 | + 7° 11′ 9″,87 | — 16° 34′ 47″,00 | 37″,13 | |
| | | 15 Lyncis | — 67° 54′ 57″,50 | 2′ 22″,87 | — 67° 57′ 20″,37 | + 58° 33′ 21″,60 | 58″,77 | |
| | | ε Grand Chien | + 19° 26′ 17″,50 | 20″,50 | + 19° 26′ 38″,00 | — 28° 50′ 14″,55 | 36″,46 | |
| | | δ Grand Chien | + 16° 50′ 7″,50 | 17″,65 | + 16° 50′ 25″,15 | — 26° 14′ 6″,95 | 41″,80 | |
| | | δ Gémeaux | — 31° 33′ 5″,00 | 35″,76 | — 31° 33′ 40″,76 | + 22° 10′ 1″,75 | 39″,01 | |
| | | ι Géminorum | — 37° 22′ 50″,00 | 44″,52 | — 37° 23′ 34″,52 | + 27° 59′ 52″,00 | 42″,52 | |
| | | α² Gémeaux | — 41° 29′ 22″,50 | 51″,60 | — 41° 30′ 14″,10 | + 32° 0′ 32″,60 | 41″,50 | |

Cercle Est    $Z +$    $\varphi =$    — 9° 22′ 52″,48  
           $Z -$               54″,51

Cercle Ouest    $Z +$    — 9° 23′ 34″,33  
              $Z -$               30″,54

**Latitude conclue :**    $\Phi =$    — 9° 23′ 15″,21

**Moyenne finale :** Latitude trouvée le 18 janvier :    — 9° 23′ 20″,49  
                 Id.        19 janvier :    27″,92  
                 Id.        20 janvier :    24″,68  
                 Id.        25 janvier :    15″,21

**Latitude définitive :**    — 9° 23′ 22″,07

Erreur moyenne :   ± 2″,20

## OBSERVATION DES LATITUDES

| DATE | Cercle | ÉTOILES | Distance Zénithale apparente $Z_a$ | Réfraction $\rho m$ | Distance Zénithale vraie $Z_v = Z_a + \rho m$ | DÉCLINAISON $\delta$ | LATITUDE $\varphi = Z_v + \delta$ | OBSERVATIONS |
|---|---|---|---|---|---|---|---|---|
| | | **——— Station à la rivière Ka-Toula ———** | | | | | | |
| Mercredi 8 février 1890 | E. | γ Taureau | — 25° 19′ 45″,00 | 27″,62 | — 25° 20′ 12″,62 | + 15° 23′ 5″,80 | — 9° 57′ 0″,82 | Théodolite d'Hurlimann |
| | | δ Tauri | — 27° 15′ 30″,00 | 30″,03 | — 27° 16′ 0″,03 | + 17° 18′ 25″,00 | 57′ 35″,03 | |
| | | α Taureau (Aldébaran) | — 26° 14′ 30″,00 | 28″,69 | — 26° 14′ 58″,69 | + 16° 18′ 26″,90 | 56′ 31″,79 | Au camp de la Ka Toula la soirée s'annonce claire ; mais à peine l'obscurité est-elle suffisante pour la prise des 1res étoiles, que le ciel se couvre et reste d'un noir d'encre pour la fin de la soirée. |
| | | Cercle Est $\quad$ Z — $\quad$ φ = | | | | | — 9° 57′ 4″,55 | |
| | | Au village Wamôla (station suivante) nous obtiendrons : Cercle Est $\quad$ Z — $\quad$ φ = | | | | | — 10° 7′ 21″,69 | |
| | | Différence de latitude entre Wamôla (village) et Ka-Toula (rivière) $\quad$ = | | | | | + 0° 10′ 17″,14 | |
| | | Latitude de Wamôla (village) $\quad$ φ = | | | | | — 9° 46′ 3″,86 | |
| | | **Latitude de la rivière Ka-Toula :** $\quad$ Φ = | | | | | — 9° 35′ 46″,72 | |
| | | **——— Station à Wamôla-Village (chef Ka'n'Samball) ———** (Rive droite de la Ka-Tofia) | | | | | | |
| Jeudi 9 février 1890 | E. | α Eridan | + 24° 7′ 15″,00 | 26″,14 | + 24° 7′ 41″,14 | — 34° 15′ 16″,40 | — 10° 7′ 35″,26 | Théodolite d'Hurlimann |
| | | α Taureau (Aldébaran) | — 26° 25′ 00″,00 | 28″,92 | — 26° 25′ 28″,92 | + 16° 18′ 26″,90 | 7′ 2″,02 | |
| | | 53 Eridan | + 4° 22′ 45″,00 | 4″,49 | + 4° 22′ 49″,49 | — 14° 30′ 12″,30 | 7′ 22″,81 | |
| | | π¹ Orion | — 16° 54′ 22″,50 | 17″,73 | — 16° 54′ 40″,23 | + 6° 47′ 5″,80 | 7′ 34″,43 | |
| | | β Orion (Rigel) | — 1° 48′ 15″,00 | 1″,82 | — 1° 48′ 16″,82 | — 8° 19′ 11″,80 | 7′ 28″,62 | |
| | O. | γ Orion | — 15° 40′ 00″,00 | 16″,32 | — 15° 40′ 16″,32 | + 6° 15′ 28″,10 | — 9° 24′ 48″,22 | |
| | | δ Orion | — 9° 1′ 45″,00 | 9″,24 | — 9° 1′ 54″,24 | — 0° 22′ 31″,20 | 24′ 25″,44 | |
| | | α Lièvre | + 8° 28′ 45″,00 | 8″,35 | + 8° 28′ 53″,35 | — 17° 53′ 49″,10 | 24′ 55″,75 | |
| | | α Colombe | + 24° 42′ 37″,50 | 26″,86 | + 24° 43′ 4″,36 | — 34° 7′ 52″,10 | 24′ 47″,74 | |
| | | α Navire (Canopus) | + 43° 13′ 7″,50 | 54″,72 | + 43° 14′ 2″,22 | — 52° 38′ 4′,30 | 24′ 38″,08 | |
| | | α Grand Chien (Sirius) | + 7° 9′ 52″,50 | 7″,37 | + 7° 9′ 59″ 87 | — 16° 34′ 49″,80 | 24′ 49″ 93 | |
| | | Cercle Est $\quad$ Z + $\quad$ φ = | | | | | — 10° 7′ 20″,03 | |
| | | Z — | | | | | 21″,69 | |
| | | Cercle Ouest $\quad$ Z + | | | | | — 9° 24′ 47″,88 | |
| | | Z — | | | | | 36″,83 | |
| | | **Latitude conclue :** $\quad$ Φ = | | | | | — 9° 46′ 3″,86 | |

BIBLIOTHÈQUE NATIONALE R.F. IMPRIMÉS

## OBSERVATION DES LATITUDES

| DATE | Cercle | ÉTOILES | Distance Zénithale apparente $Z_a$ | Réfraction $\rho_m$ | Distance Zénithale vraie $Z_v = Z_a + \rho_m$ | DÉCLINAISON $\delta$ | LATITUDE $\varphi\, Z_v = +\delta$ | OBSERVATIONS |
|---|---|---|---|---|---|---|---|---|
| | | | ——— Station à **Pa-Windé-Village** (chef **Ka-Pwassa**) ——— | | | | | |
| | | | (Rive gauche de la Lou-Alala) | | | | | |
| Lundi 13 février 1899 | E. | β Orion (Rigel) | — 1° 57′ 15″,00 | 1″,07 | — 1° 57′ 16″,07 | — 8° 19′ 2″,10 | —10° 16′ 10″,07 | Théodolite d'Hurlimann |
| | | β Taureau | — 38° 47′ 30″,00 | 46″,84 | — 38° 48′ 16″,84 | -|- 28° 31′ 23″,00 | 52″,94 | |
| | | δ Orion | — 9° 54′ 00″,00 | 10″,17 | — 9° 54′ 10″,17 | — 0° 22′ 31″,50 | 41″,67 | |
| | | α Lièvre | -|- 7° 37′ 00″,00 | 7″,83 | + 7° 37′ 7″,83 | — 17° 53′ 40″,50 | 41″,67 | |
| | | ε Orion | — 9° 00′ 00″,00 | 9″,20 | — 9° 0′ 9″,20 | — 1° 16′ 4″,30 | 13″,50 | |
| | | α Colombe | + 23° 50′ 22″,50 | 25″,80 | -|- 23° 50′ 48″,30 | — 34° 7′ 52″,70 | 17′ 4″,40 | |
| | O. | ζ Leporis | + 5° 15′ 00″,00 | 5″,35 | + 5° 15′ 5″,35 | — 14° 51′ 43″,10 | — 9° 36′ 37″,75 | |
| | | α Orion | — 16° 59′ 45″,00 | 17″,80 | — 17° 0′ 2″,80 | -|- 7° 23′ 15″,00 | 47″,80 | |
| | | β Cocher | — 54° 31′ 45″,00 | 1′ 21″,70 | — 54° 33′ 6″,70 | + 44° 56′ 21″,00 | 45″,10 | |
| | | η Gémeaux | — 32° 8′ 00″,00 | 36″,59 | — 32° 8′ 36″,59 | + 22° 32′ 10″,10 | 26″,49 | |
| | | β Grand Chien | + 8° 18′ 00″,00 | 8″,51 | + 8° 18′ 8″,51 | — 17° 54′ 32″,00 | 23″,49 | |
| | | α Navire (Canopus) | + 43° 00′ 45″,00 | 54″,33 | + 43° 1′ 39″,33 | — 52° 38′ 41″,10 | 37′ 1″,77 | |
| | | γ Gémeaux | — 26° 4′ 45″,00 | 28″,48 | — 26° 5′ 13″,48 | + 16° 29′ 5″,30 | 36′ 8″,18 | |
| | | α Grand Chien (Sirius) | + 6° 58′ 7″,50 | 7″,09 | + 6° 58′ 14″,50 | — 16° 34′ 50″,40 | 36′ 35″,81 | |

Cercle Est    $Z +$    $\varphi =$    —10° 16′ 53″,03

$Z -$    31″,79

Cercle Ouest    $Z$ -|-    — 9° 36′ 39″,70

$Z -$    31″,89

**Latitude conclue :**    $\Phi =$    — 9° 56′ 39″,10

## OBSERVATION DES LATITUDES

| DATE | Cercle | ÉTOILES | Distance Zénithale apparente $Z_a$ | Réfraction $\rho m$ | Distance Zénithale vraie $Z_v = Z_a + \rho m$ | DÉCLINAISON $\delta$ | LATITUDE $\varphi = Z_v + \delta$ | OBSERVATIONS |
|---|---|---|---|---|---|---|---|---|
| | | **Station au camp de la rivière N'toungwé** (Rive droite) | | | | | | |
| Mardi 14 février 1899 | E. | ı Grand Chien | $+$ 18° 30' 30",00 | 20",10 | $+$ 18° 30' 50",10 | — 28° 50' 10",05 | — 10° 49' 28",95 | Théodolite d'Hurlimann |
| | | α² Gémeau | — 42° 24' 45",00 | 53",27 | — 42° 25' 38",27 | — 32° 6' 34",00 | 19' 4",27 | Mauvais ciel couvert ne |
| | | αPetitChien(Procyon) | — 15° 48' 00",00 | 16",46 | — 15° 48' 16",46 | $+$ 5° 28' 52",65 | 19' 23",81 | laissant prendre que trois étoiles de toute la soirée. |
| | | | | | Cercle Est $Z +$ | $\varphi =$ | — 10° 19' 28",03 | |
| | | | | | $Z -$ | | 14",04 | |
| | | | | | Cercle Est | $\varphi =$ | — 10° 19' 21",50 | |
| | | A Pa-Windé-village, nous avons obtenu : | | | Cercle Est | $\varphi =$ | — 10° 16' 42",41 | |
| | | Différence de latitude entre Pa-Windé et le camp de la N'toungwé | | | | $=$ | — 0° 2' 30",09 | |
| | | Latitude de Pa-Windé-village | | | | $\varphi =$ | — 9° 56' 30",10 | |
| | | Latitude conclue pour le camp de la N'toungwé | | | | $\Phi =$ | — 9° 59' 18",19 | |
| | | A la Ka-Boula-M'pakati, nous trouverons : | | | Cercle Est | $\varphi =$ | — 10° 17' 21",87 | |
| | | Différence de latitude entre la Ka-Boula-M'pakati et le camp de la N'toungwé | | | | $=$ | — 0° 1' 50",63 | |
| | | Latitude du camp de la Ka-Boula-M'pakati | | | | $\varphi =$ | — 9° 56' 53",81 | |
| | | Latitude conclue pour le camp de la N'toungwé | | | | $\Phi =$ | — 9° 58' 53",44 | |
| | | **Moyenne ou latitude définitive du camp de la N'toungwé** | | | | $\Phi =$ | — 9° 59' 5",81 | |

## OBSERVATION DES LATITUDES

| DATE | Cercle | ÉTOILES | Distance Zénithale apparente $Z_a$ | Réfraction $\rho_m$ | Distance Zénithale vraie $Z_v = Z_a + \rho_m$ | DÉCLINAISON $\delta$ | LATITUDE $\varphi = Z_v + \delta$ | OBSERVATIONS |
|---|---|---|---|---|---|---|---|---|
| | | | **——— Station à la rivière Ka-Boula-M'pakati ———** | | | | | |
| | | | *(Rive gauche)* | | | | | |
| Mercredi 15 février 1899 | E. | β Orion (Rigel) | — 1° 58′ 15″,00 | 2″,00 | — 1° 58′ 17″,00 | — 8° 19′ 12″,20 | —10° 17′ 29″,20 | Théodolite d'Hurlimann |
| | | γ Orion | — 16° 33′ 00″,00 | 17″,33 | — 16° 33′ 17″,33 | + 6° 15′ 27″,80 | 40″,53 | |
| | | δ Orion | — 0° 54′ 22″,50 | 10″,17 | — 9° 54′ 32″,67 | — 0° 22′ 31″,60 | 4″,27 | |
| | | α Lièvre | + 7° 36′ 37″,50 | 7″,81 | + 7° 36′ 45″,31 | — 17° 53′ 50″,00 | 4″,69 | |
| | | ε Orion | — 9° 1′ 15″,00 | 9″,22 | — 9° 1′ 24″,22 | — 1° 16′ 4″,40 | 28″,62 | |
| | | α Colombe | + 23° 50′ 00″,00 | 25″,80 | + 23° 50′ 25″,80 | — 34° 7′ 52″,80 | 27″,00 | |
| | O. | ζ Leporis | + 5° 15′ 7″,50 | 5″,35 | + 5° 15′ 12″,85 | — 14° 51′ 43″,30 | — 9° 36′ 30″,45 | |
| | | α Orion | — 16° 50′ 00″,00 | 17″,80 | — 16° 50′ 17″,80 | + 7° 23′ 14″,90 | 36′ 2″,90 | |
| | | η Gémeaux | — 32° 7′ 30″,00 | 36″,57 | — 32° 8′ 6″,57 | + 22° 32′ 10″,20 | 35′ 56″,37 | |
| | | μ Gémeaux | — 32° 9′ 30″,00 | 36″,62 | — 32° 10′ 6″,62 | + 22° 33′ 54″,90 | 36′ 11″,72 | |
| | | α Navire (Canopus) | + 43° 1′ 00″,00 | 54″,33 | + 43° 1′ 54″,33 | — 52° 38′ 41″,60 | 36′ 47″,27 | |
| | | γ Gémeaux | — 26° 40′ 30″,00 | 28″,49 | — 26° 4′ 58″,49 | + 16° 29′ 5″,20 | 35′ 53″,29 | |
| | | α Grand Chien (Sirius) | + 6° 57′ 30″,00 | 7″,07 | + 6° 57′ 37″,07 | — 16° 34′ 50″,60 | 37′ 19″,53 | |

Cercle Est    Z +    $\varphi =$    —10° 17′ 15″,84

          Z —          27″,90

Cercle Ouest    Z +    — 9° 36′ 50″,42

              Z —         1″,07

**Latitude conclue :**    $\Phi =$    — 9° 56′ 53″,81

## OBSERVATION DES LATITUDES

| DATE | Cercle | ÉTOILES | Distance Zénithale apparente $Z_a$ | Réfraction $\rho_m$ | Distance Zénithale vraie $Z_v = Z_a + \rho_m$ | DÉCLINAISON $\delta$ | LATITUDE $\varphi = Z_v + \delta$ | OBSERVATIONS |
|---|---|---|---|---|---|---|---|---|
| | | | — Station à Lofoï-Station — | | | | | |
| Mercredi 22 février 1890 | E. | δ Gémeaux | — 32° 21' 20",00 | 36",90 | — 32° 21' 56",90 | + 22° 10' 2",20 | —10° 11' 54",70 | Cercle méridien |
| | | α² Gémeaux | — 42° 17' 55",00 | 53",06 | — 42° 18' 48",06 | + 32° 6' 34",60 | 12' 13",46 | |
| | | αPetitChien(Procyon) | — 15° 39' 45",00 | 16",32 | — 15° 40' 1",32 | + 5° 28' 52",20 | 11' 9",12 | |
| | | ϐ Gémeaux(Pollux) | — 38° 27' 37",00 | 46",26 | — 38° 28' 23",26 | + 28° 16' 8",10 | 12' 15",16 | |
| | | β Ecrevisse | — 19° 41' 5",00 | 20",88 | — 19° 41' 25",88 | + 0° 29' 38",50 | 11' 47",38 | |
| | | | | | Cercle Est $Z -$ $\varphi =$ | | —10° 11' 51",96 | |
| Vendredi 3 mars 1899 | E. | π Poupe | + 26° 43' 15",00 | 29",30 | + 26° 43' 44",30 | — 36° 55' 15",00 | —10° 11' 30",70 | |
| | | β Petit Chien | — 18° 40' 25",00 | 19",66 | — 18° 40' 44",66 | + 8° 20' 26",80 | 17",86 | |
| | | α² Gémeaux | — 42° 17' 30",00 | 53",06 | — 42° 18' 23",06 | + 32° 6' 35",20 | 47",86 | |
| | | αPetitChien(Procyon) | — 15° 40' 20",00 | 16",32 | — 15° 40' 36",32 | + 5° 28' 51",70 | 44",62 | |
| | | ϐ Gémeaux(Pollux) | — 38° 27' 10",00 | 46",26 | — 38° 27' 56",26 | + 28° 16' 8",60 | 47",66 | |
| | | ξ Navire | + 14° 25' 5",00 | 14",95 | + 14° 25' 19",95 | — 24° 36' 38",80 | 18",85 | |
| | O. | ρ Navire | + 13° 49' 00",00 | 14",38 | + 13° 49' 14",38 | — 24° 1' 2",90 | —10° 11' 48",52 | |
| | | Br. 1197 | — 6° 36' 55",00 | 6",73 | — 6° 37' 1",73 | — 3° 34' 49",80 | 51",53 | |
| | | δ Hydre | — 16° 14' 35",00 | 16",97 | — 16° 14' 51",97 | + 6° 3' 9",00 | 42",97 | |
| | | | | | Cercle Est $Z +$ $\varphi =$ | | —10° 11' 24",78 | |
| | | | | | $Z -$ | | 39",50 | |
| | | | | | Cercle Ouest $Z +$ | | 10° 11' 48",52 | |
| | | | | | $Z -$ | | 47",25 | |
| | | | | | **Latitude conclue :** $\Phi =$ | | —10° 11' 40",01 | |

## OBSERVATION DES LATITUDES

| DATE | Cercle | ÉTOILES | Distance Zénithale apparente $Z_a$ | Réfraction $\rho_m$ | Distance Zénithale vraie $Z_v = Z_a + \rho_m$ | DÉCLINAISON $\delta$ | LATITUDE $\varphi = Z_v + \delta$ | OBSERVATIONS |
|---|---|---|---|---|---|---|---|---|
| | | | **Station à Lofoï-Station** | | | | | |
| Samedi 4 mars 1899 | O. | ζ Orion | — 8° 11′ 50″,00 | 8″,40 | — 8° 11′ 58″,40 | — 1° 59′ 52″,50 | — 10° 11′ 50″,90 | Cercle méridien |
| | | α Orion | — 17° 34′ 45″,00 | 18″,46 | — 17° 35′ 3″,46 | + 7° 23′ 14″,20 | 11′ 49″,26 | |
| | | θ Cocher | — 47° 23′ 30″,00 | 1′ 3″,35 | — 47° 24′ 33″,35 | + 37° 12′ 24″,80 | 12′ 8″,55 | N'entre pas dans Φ |
| | | η Gémeaux | — 32° 43′ 17″ 50 | 37″,43 | — 32° 43′ 54″,93 | + 23° 32′ 10″,30 | 11′ 44″,03 | |
| | | β Grand Chien | + 7° 42′ 32″,50 | 7″,93 | + 7° 42′ 40″,43 | — 17° 54′ 33″,00 | 11′ 53″,47 | |
| | | α Navire (Canopus) | + 42° 26′ 30″,00 | 53″,31 | + 42° 27′ 23″,31 | — 52° 38′ 44″,40 | 11′ 21″,09 | |
| | E. | γ Gémeaux | — 26° 40′ 25″,00 | 29″,24 | — 26° 40′ 54″,24 | + 16° 29′ 5″,10 | — 10° 11′ 49″,14 | |
| | | αGrandChien(Sirius) | + 6° 23′ 30″,00 | 6″,40 | + 6° 23′ 36″,40 | — 16° 34′ 52″,24 | 11′ 15″,75 | |
| | | θ Gémeaux | — 44° 16′ 7″,50 | 56″,83 | — 44° 17′ 4″,33 | + 34° 5′ 0″,55 | 12′ 3″,78 | |
| | | δ Grand Chien | + 16° 2′ 30″,00 | 16″,74 | + 16° 2′ 46″,74 | — 26° 14′ 14″,80 | 11′ 27″,56 | |
| | | λ Géminorum | — 26° 54′ 45″,00 | 29″,55 | — 26° 55′ 14″,55 | + 16° 43′ 16″,50 | 11′ 58″,05 | |
| | | β Petit Chien | — 18° 40′ 42″,50 | 19″,66 | — 18° 41′ 2″,16 | + 8° 29′ 26″,70 | 11′ 35″,46 | |
| | | α² Gémeaux | — 42° 17′ 30″,00 | 53″,00 | — 42° 18′ 23″,00 | + 32° 6′ 35″,30 | 11′ 47″,76 | |
| | | αPetitChien(Procyon) | — 15° 40′ 22″,50 | 16″,32 | — 15° 40′ 38″,82 | + 5° 28′ 51″,70 | 11′ 47″,12 | |
| | | βGémeaux(Pollux) | — 38° 26′ 45″,00 | 46″,26 | — 38° 27′ 31″,26 | + 28° 16′ 8″,70 | 11′ 22″,56 | |
| | | ξ Navire | + 14° 24′ 55″,00 | 14″,05 | + 14° 25′ 0″,95 | — 24° 36′ 38″,90 | 11′ 28″,95 | |
| | | | | | Cercle Est Z + | $\varphi =$ | | — 10° 11′ 24″,09 |
| | | | | | Z — | | | 46″,27 |
| | | | | | Cercle Ouest Z + | | | 37″,28 |
| | | | | | Z — | | | 48″,26 |
| | | | | | **Latitude conclue :** | Φ = | | — 10° 11′ 38″,98 |
| Dimanche 19 mars 1899 | E. | γ Gémeaux | — 26° 40′ 40″,00 | 29″,24 | — 26° 41′ 0″,24 | + 16° 29′ 5″,10 | — 10° 12′ 4″,14 | |
| | | αGrandChien(Sirius) | + 6° 23′ 22″,50 | 6″,49 | + 6° 23′ 28″,99 | — 16° 34′ 53″,60 | 11′ 24″,61 | |
| | | ε Grand Chien | + 18° 38′ 45″,00 | 19″,64 | + 18° 39′ 4″,64 | — 28° 50′ 23″,30 | 11′ 18″,66 | |
| | | α² Gémeaux | — 42° 17′ 50″,00 | 53″,06 | — 42° 18′ 43″,06 | + 32° 6′ 36″,10 | 12′ 6″,96 | |
| | | βGémeaux(Pollux) | — 38° 27′ 35″,00 | 46″,26 | — 38° 28′ 21″,26 | + 28° 16′ 9″,50 | 12′ 11″,76 | |
| | | | | | Cercle Est Z + | $\varphi =$ | | — 10° 11′ 21″,63 |
| | | | | | Z — | | | 12′ 7″,62 |
| | | | | | Cercle Est | $\varphi =$ | | — 10° 11′ 44″,62 |

## OBSERVATION DES LATITUDES

| DATE | Cercle | ÉTOILES | Distance Zénithale apparente $Z_a$ | Réfraction $\rho_m$ | Distance Zénithale vraie $Z_v = Z_a + \rho_m$ | DÉCLINAISON $\delta$ | LATITUDE $\varphi = Z_v + \delta$ | OBSERVATIONS |
|---|---|---|---|---|---|---|---|---|
| | | | | | Station à Lofoï-Station | | | |
| Lundi 20 mars 1899 | O. | α Navire (Canopus) | + 42° 26′ 15″,00 | 53″,31 | + 42° 27′ 8″,31 | — 52° 38′ 45″,70 | — 10°,11′ 37″,39 | |
| | | γ Gémeaux | — 26° 40′ 42″,50 | 20″,24 | — 26° 41′ 11″,74 | + 16° 29′ 5″,10 | 12′ 6″,64 | |
| | | αGrandChien(Sirius) | + 6° 22′ 50″,00 | 0″,49 | + 6° 22′ 56″,49 | — 16° 34′ 53″,70 | 11′ 57″,21 | |
| | | ε Grand Chien | + 18° 38′ 15″,00 | 19″,64 | + 18° 38′ 34″,64 | — 28° 50′ 23″,42 | 11′ 48″,78 | |
| | | δ Grand Chien | + 16′ 1′ 50″,00 | 16″,74 | + 16° 2′ 6″,74 | — 26° 14′ 15″,70 | 12′ 8″,96 | |
| | | α² Gémeaux | — 42° 17′ 45″,00 | 53″,06 | — 42° 18′ 38″,06 | + 32° 6′ 36″,15 | 12′ 1″,91 | |
| | | αPetitChien(Procyon) | — 15° 40′ 45″,00 | 16″,32 | — 15° 41′ 1″,32 | + 5° 28′ 51″,40 | 12′ 9″,92 | |
| | | β Gémeaux(Pollux) | — 38° 27′ 32″,50 | 46″,26 | — 38° 28′ 18″,76 | + 28° 16′ 9″,55 | 12′ 9″,21 | |
| | E. | χ Carène | + 42° 30′ 30″,00 | 53″,43 | + 42° 31′ 23″,43 | — 52° 43′ 4″,02 | — 10° 11′ 40″,59 | |
| | | ρ Navire | + 13° 49′ 30″,00 | 14″,40 | + 13° 49′ 44″,40 | — 24° 1′ 5″,18 | 20″,78 | |
| | | β Ecrevisse | — 19° 40′ 52″,50 | 20″,88 | — 19° 41′ 13″,38 | + 9° 29′ 38″,20 | 35″,18 | |
| | | ε Hydre | — 16° 58′ 35″,00 | 17″,80 | — 16° 58′ 52″,80 | + 6° 47′ 9″,60 | 43″,20 | |
| | | ζ Hydrae | — 16° 30′ 42″,50 | 17″,29 | — 6° 30′ 59″,79 | + 6° 19′ 34″,70 | 25″,09 | |
| | | α Hydre | — 1° 58′ 20″,00 | 1″,99 | — 1° 58′ 21″,99 | — 8° 13′ 32″,42 | 54″,41 | |
| | | o Lion | — 20° 32′ 00″,00 | 21″,81 | — 20° 32′ 21″,81 | + 10° 20′ 52″,50 | 29″,31 | |
| | | ε Lion | — 34° 25′ 25″,00 | 39″,92 | — 34° 26′ 4″,92 | + 24° 14′ 10″,02 | 54″,93 | |

|  |  |
|---|---|
| Cercle Est  $Z +$    $\varphi =$ | — 10° 11′ 30″,68 |
| $Z -$ | 11′ 40″,35 |
| Cercle Ouest  $Z +$ | — 10° 11′ 53″,00 |
| $Z -$ | 12′ 0″,92 |
| **Latitude conclue :**    $\Phi =$ | — 10° 11′ 47″,76 |

| | | |
|---|---|---|
| **Moyenne finale :** L'observation du mercredi 22 février, Cercle Est, a donné $\varphi =$ | — 10° 11′ 51″,96 | poids 1 |
| Id.    vendredi  3 mars,   complète,   id.   $=$ | 40″,01 | id. 2 |
| Id.    samedi   4 mars,   complète,   id.   $=$ | 38″,98 | id. 2 |
| Id.    dimanche 10 mars,  Cercle Est,  id.   $=$ | 44″,62 | id. 1 |
| Id.    lundi   20 mars,   complète,   id.   $=$ | 47″,76 | id. 2 |
| **Latitude définitive de Lofoï-Station**    $\Phi =$ | — 10° 11′ 43″,76 | |

Erreur moyenne : ± 2″,78.

# Observation de l'Heure

et des

## Longitudes.

## OBSERVATION DE L'HEURE

| DATE | CERCLE | ÉTOILES | Moyenne des fils $h_1$ | a séc δ | h = $h_1$ + a séc δ | Db | h + Db | Æ | Correction du Chronomètre dh = Æ-(a+Db) | OBSERVATION |
|---|---|---|---|---|---|---|---|---|---|---|
| Mercredi 23 novembre 1898 | | | | | **Station à M'pwéto-Station** (Nord du lac Moéro) | | | | | Pour rappel Chronomètre 737 |
| | O. | λ Verseau | 22h 42m 58s,944 | + 0s,25 | 22h 42m 59s,104 | + 0s,03 | 22h 42m 59s,244 | 23h 47m 21s,406 | + 4m 22s,102 | D = — 7s,63 |
| | | δ Verseau | — à cinq fils — | . . . | 44m 56s,026 | — 1s,81 | 44m 55s,116 | 49m 18s,219 | 23s,103 | n'entre pas dans dh |
| | | α Poisson Austral (Fomalhaut) | 22h 47m 46s,000 | -|- 0s,29 | 47m 46s,290 | — 3s,26 | 47m 43s,030 | 52m 5s,135 | 22s,125 | |
| | | α Pégase (Markab) | 55m 18s,889 | + 0s,26 | 55m 19s,149 | + 3s,10 | 55m 22s,249 | 50m 44s,546 | 22s,207 | |
| | | c² Verseau | 59m 44s,167 | + 0s,27 | 59m 44s,437 | — 1s,88 | 59m 42s,557 | 23h 4m 4s,659 | 22s,102 | |
| | | γ Poissons | 23h 7m 32s,528 | + 0s,25 | 23h 7m 32s,778 | + 1s,48 | 23h 7m 34s,258 | 11m 56s,623 | 22s,365 | |
| | | γ Sculpteur | — à cinq fils — | . . . | 9m 4s,064 | — 3s,70 | 9m 1s,174 | 13m 23s,348 | 22s,174 | |
| | | κ Poissons | 23h 17m 22s,722 | + 0s,25 | 17m 22s,972 | + 1s,21 | 17m 24s,182 | 21m 46s,313 | 22s,131 | |
| | | β Sculpteur | 23m 16s,833 | + 0s,32 | 23m 17s,153 | — 4s,85 | 23m 12s,303 | 27m 34s,601 | 22s,298 | |
| | E | 10 Poissons | 23h 36m 40s,444 | — 0s,25 | 23h 36m 40s,194 | + 1s,252 | 23h 36m 50s,446 | 23h 41m 14s,010 | + 4m 24s,464 | D = — 6s,33 |
| | | ω Poissons | 49m 42s,880 | — 0s,23 | 49m 42s,639 | + 1s,620 | 49m 44s,268 | 54m 8s,577 | 24s,300 | |
| | | 30 Poissons | 52m 23s,722 | — 0s,25 | 52m 23s,172 | + 0s,211 | 52m 23s,683 | 56m 47s,957 | 24s,274 | |
| | | 2 Baleine | — à cinq fils — | . . . | 54m 12s,086 | — 1s,095 | 54m 10s,991 | 58m 35s,173 | 24s,182 | |
| | | 35 Poissons | — à deux fils — | . . . | 0h 5m 21s,850 | + 1s,847 | 0h 5m 23s,697 | 0h 9m 47s,830 | 24s,133 | |
| | | β Hydre mâle | — à six fils — | . . . | 16m 33s,010 | — 28s,100 | 16m 5s,720 | 20m 30s,858 | 25s,136 | n'entre pas dans dh |
| | | 13 Baleine | 0h 25m 39s,750 | — 0s,25 | 25m 39s,500 | -|- 0s,484 | 25m 39s,984 | 30m 4s,191 | 24s,207 | |
| | | κ Cassiopée | — à deux fils — | . . . | 30m 12s,120 | +10s,236 | 30m 22s,356 | 34m 48s,201 | 25s,035 | n'entre pas dans dh |
| | | β Baleine | 0h 34m 9s,750 | — 0s,26 | 34m 9s,490 | — 1s,166 | 34m 8s,324 | 38m 32s,557 | 24s,233 | |
| | | 58 Poissons | 37m 20s,111 | — 0s,255 | 37m 19s,856 | + 2s,202 | 37m 22s,058 | 41m 46s,610 | 24s,552 | |
| | | ι Poissons | 53m 17s,444 | — 0s,252 | 53m 17s,192 | + 1s,747 | 53m 18s,939 | 57m 43s,590 | 24s,651 | |
| | | η Baleine | 59m 8s,250 | — 0s,255 | 59m 7s,905 | — 0s,252 | 59m 7s,743 | 1h 3m 32s,032 | 24s,280 | |
| | | 0' Baleine | 1h 14m 36s,056 | — 0s,253 | 1h 14m 35s,803 | — 0s,025 | 1h 14m 35s,778 | 19m 0s,030 | 24s,252 | |

Cercle Est    Z +    dh =    + 4m 24s,230

           Z —            24s,370

Cercle Ouest    Z +         22s,175

           Z —            22s,239

**Moyenne à 24h 3m, ou le 24 novembre à 0h 3m**    dh =    + 4m 23s,256

# OBSERVATION DE L'HEURE

| DATE | CERCLE | ÉTOILES | Moyenne des fils $h_1$ | $a\sec\delta$ | $h = h_1 + a\sec\delta$ | Db | $h + Db$ | R | Correction du Chronomètre $dh = R - (h + Db)$ | OBSERVATIONS |
|---|---|---|---|---|---|---|---|---|---|---|
| | | | | | | | | | | Cercle méridien Chronomètre 737 |
| | | **Station à M'pwéto-Station** (Nord du lac Moéro) | | | | | | | | |
| Mercredi 30 novembre 1898 | E. | ι Poissons | 23h 30m 27s,44 | — 0s,25 | 23h 30m 27s,19 | — 0s,63 | 23h 30m 26s,56 | 23h 34m 46s,31 | + 4m 19s,75 | D = + 2s,70 |
| | | δ Sculpteur | 30m 20s,94 | — 0s,28 | 30m 20s,66 | + 1s,06 | 30m 21s,72 | 43m 41s,10 | 19s,38 | |
| | | ω Poissons | 49m 49s,83 | — 0s,25 | 40m 49s,58 | — 0s,09 | 49m 48s,80 | 54m 8s,51 | 19s,62 | |
| | | 2 Baleine | 54m 15s,64 | — 0s,26 | 54m 15s,38 | + 0s,46 | 54m 15s,84 | 58m 35s,09 | 19s,25 | |
| | | γ Pégase | 0h 3m 44s,94 | — 0s,26 | 0h 3m 44s,68 | — 1s,09 | 0h 3m 43s,59 | 0h 8m 3s,16 | 19s,57 | |
| | | β Hydre mâle | 15m 58s,33 | — 1s,19 | 15m 57s,14 | + 11s,09 | 16m 9s,13 | 20m 30s,25 | 21s,12 | n'entre pas dans dh |
| | | 13 Baleine | 25m 45s,25 | — 0s,25 | 25m 45s,00 | — 0s,21 | 25m 44s,79 | 30m 4s,13 | 19s,34 | |
| | | α Cassiopée | 30m 31s,81 | — 0s,45 | 30m 31s,36 | — 4s,35 | 30m 27s,01 | 34m 48s,16 | 21s,15 | n'entre pas dans dh |
| | | β Baleine | 34m 13s,06 | — 0s,26 | 34m 12s,80 | + 0s,50 | 34m 13s,30 | 38m 32s,49 | 19s,19 | |
| | O. | γ Cassiopée | . . . . . | . . . | 0h 46m 20s,00 | . . . | . . . . | . . . . | . . . . | Mise au fil milieu — D = — 0s,70 |
| | | ε Poissons | 0h 53m 25s,56 | + 0s,25 | 53m 25s,81 | + 0s,12 | 0h 53m 25s,93 | 0h 57m 43s,55 | + 4m 17s,62 | |
| | | η Baleine | 50m 14s,28 | + 0s,25 | 59m 14s,53 | — 0s,03 | 59m 14s,50 | 1h 3m 31s,99 | 17s,49 | |
| | | θ' Baleine | 1h 14m 42s,14 | + 0s,25 | 1h 14m 42s,30 | — 0s,00 | 1h 14m 42s,39 | 19m 0s,08 | 17s,69 | |
| | | η Poissons | 21m 48s,25 | + 0s,26 | 21m 48s,51 | + 0s,29 | 21m 48s,80 | 26m 6s,23 | 17s,43 | |
| | | α Eridan (Achernar) | 20m 42s,72 | + 0s,47 | 29m 43s,19 | — 0s,99 | 29m 42s,20 | 33m 59s,62 | 17s,42 | n'entre pas dans dh |
| | | | | | | | Cercle Est  Z +  dh = | | + 4m 19s,27 | |
| | | | | | | | Z — | | 19s,57 | |
| | | | | | | | Cercle Ouest  Z + | | 17s,59 | |
| | | | | | | | Z — | | 17s,52 | |
| | | | | | | | **Moyenne, le 1er décembre, à 0h 34m  dh =** | | **+ 4m 18s,49** | |
| | | **Station à la rivière Mo-Lombé** (Ancien village Ka-Loulwa) | | | | | | | | Théodolite — Chronomètre 737 |
| Mardi 10 janvier 1899 | E. | α Bélier | . . . . . | . . . | 1h 59m 8s,50 | — 21s,93 | 1h 58m 46s,57 | 2h 1m 30s,18 | + 2m 43s,61 | D = + 38s,33 |
| | | γ Baleine | . . . . . | . . . | 2h 35m 28s,00 | — 7s,75 | 2h 35m 20s,25 | 38m 5s,60 | 45s,35 | |
| | | η Eridan | . . . . . | . . . | 48m 43s,50 | + 0s,31 | 48m 43s,81 | 51m 31s,24 | 47s,43 | |
| | | β Persée (Algol) | . . . . . | . . . | 50m 30s,00 | — 38s,28 | 58m 51s,72 | 3h 1m 37s,82 | 46s,10 | |
| | | α Persée | . . . . . | . . . | 3h 15m 12s,00 | — 50s,23 | 3h 14m 21s,77 | 17m 9s,20 | 47s,43 | |
| | | ξ Taureau | . . . . . | . . . | 19m 12s,00 | — 12s,16 | 18m 50s,84 | 21m 43s,55 | 43s,71 | |
| | O. | α Taureau | . . . . . | . . . | 4h 28m 12s,00 | — 25s,48 | 4h 27m 46s,52 | 4h 30m 9s,80 | + 2m 23s,28 | D = + 57s,55 |
| | | β Orion (Rigel) | . . . . . | . . . | 5h 7m 20s,50 | — 0s,52 | 5h 7m 19s,08 | 5h 9m 43s,26 | 23s,28 | |
| | | | | | | | Cercle Est  Z +  dh = | | + 2m 47s,43 | |
| | | | | | | | Z — | | 45s,24 | |
| | | | | | | | Cercle Ouest  Z + | | + 2m 23s,28 | |
| | | | | | | | **Moyenne à  3h 36m  dh =** | | **+ 2m 34s,80** | |

## OBSERVATION DE L'HEURE

| DATE | CERCLE | ÉTOILES | Moyenne des fils h₁ | a séc δ | h = h₁ + a séc δ | Db | h + Db | Æ | Correction du Chronomètre dh = Æ — (a+Db) | OBSERVATIONS |
|---|---|---|---|---|---|---|---|---|---|---|
| | | | | | ——— **Station au village Mo-Banga (Lac Moéro)** ——— | | | | | Théodolite Chronomètre 737 |
| Samedi 14 janvier 1899 | E. | γ Baleine | . . . . . | . . . . . | 2h 36m 7s,50 | + 6s,68 | 2h 36m 14s,18 | 2h 38m 5s,55 | +1m 51s,37 | D = — 31s,50 |
| | | π Céti | . . . . . | . . . . . | 37m 32s,00 | — 2s,73 | 37m 29s,27 | 39m 20s,43 | 51s,16 | |
| | | 41 Bélier | . . . . . | . . . . . | 41m 48s,50 | + 20s,90 | 42m 9s,40 | 44m 3s,96 | 54s,56 | |
| | | τ³ Eridani | . . . . . | . . . . . | 44m 41s,50 | — 7s,04 | 44m 34s,46 | 46m 28s,96 | 54s,50 | |
| | | η Eridani | . . . . . | . . . . . | 49m 40s,50 | + 0s,09 | 49m 40s,59 | 51m 31s,19 | 50s,60 | |
| | | ι Bélier | . . . . . | . . . . . | 51m 15s,00 | + 17s,07 | 51m 32s,07 | 53m 27s,95 | 55s,88 | |
| | | τ³ Eridan | . . . . . | . . . . . | 56m 12s,00 | — 8s,69 | 56m 3s,31 | 57m 57s,87 | 54s,56 | |
| | O. | e Eridan | . . . . . | . . . . . | 3h 14m 55s,00 | — 24s,12 | 3h 14m 30s,88 | 3h 15m 55s,32 | + 1m 24s,44 | D = — 30s,71 |
| | | ξ Taureau | . . . . . | . . . . . | 20m 13s,00 | + 9s,65 | 20m 22s,65 | 21m 43s,51 | 20s,86 | |
| | | f Tauri | . . . . . | . . . . . | 23m 48s,00 | + 11s,41 | 23m 59s,41 | 25m 19s,68 | 20s,27 | |
| | | s Eridan | . . . . . | . . . . . | 26m 40s,00 | — 0s,56 | 26m 45s,44 | 28m 12s,17 | 26s,73 | |
| | | δ Persée | . . . . . | . . . . . | 34m 4s,00 | + 37s,70 | 34m 41s,70 | 35m 40s,40 | . . . . . | Calcul de D |
| | | δ Eridan | . . . . . | . . . . . | 37m 1s,50 | — 0s,75 | 37m 0s,75 | 38m 26s,49 | 25s,74 | |
| | | γ Hydre mâle | . . . . . | . . . . . | 49m 31s,00 | —1m 45s,11 | 47m 45s,89 | 48m 50s,59 | . . . . . | Calcul de D |
| | | | | | | Cercle Est Z + dh = | | | + 1m 53s,41 | |
| | | | | | | Z — | | | 53s,10 | |
| | | | | | | Cercle Ouest Z + | | | 25s,64 | |
| | | | | | | Z — | | | 20s,56 | |
| | | | | | | **Moyenne à 3h 13m dh =** | | | **+ 1m 38s,18** | |
| Dimanche 15 janvier 1899 | O. | γ Baleine | . . . . . | . . . . . | 2h 37m 0s,50 | — 17s,46 | 2h 36m 42s,54 | 2h 38m 5s,54 | + 1m 23s,00 | D = + 87s,22 |
| | | 41 Bélier | . . . . . | . . . . . | 43m 40s,50 | — 56s,90 | 42m 43s,60 | 44m 3s,94 | 20s,34 | |
| | | s Bélier | . . . . . | . . . . . | 52m 49s,50 | — 46s,24 | 52m 3s,26 | 53m 27s,94 | 24s,68 | |
| | | τ³ Eridan | . . . . . | . . . . . | 50m 11s,00 | + 25s,22 | 50m 36s,22 | 57m 57s,86 | 21s,64 | |
| | | β Persée (Algol) | . . . . . | . . . . . | 3h 1m 44s,50 | —1m 27s,00 | 3h 0m 17s,50 | 3h 1m 37s,74 | 20s,24 | |
| | | 12 Eridan | . . . . . | . . . . . | 5m 53s,50 | + 35s,34 | 6m 28s,84 | 7m 48s,43 | 19s,59 | |
| | | e Eridan | . . . . . | . . . . . | 13m 30s,00 | +1m 8s,51 | 14m 38s,51 | 15m 55s,30 | 16s,79 | n'entre pas dans dh |
| | | a Persée | . . . . . | . . . . . | 17m 47s,50 | —1m 54s,17 | 15m 53s,33 | 17m 9s,11 | 15s,78 | n'entre pas dans dh |
| | E. | ε Eridan | . . . . . | . . . . . | 3h 26m 21s,00 | + 0s,52 | 3h 26m 21s,52 | 3h 28m 12s,16 | + 1m 50s,64 | D = + 85s,19 |
| | | ζ Persée | . . . . . | . . . . . | 46m 57s,50 | —1m 5s,60 | 45m 51s,90 | 47m 49s,26 | 57s,36 | |
| | | o' Eridani | . . . . . | . . . . . | 4h 5m 7s,00 | — 3s,50 | 4h 5m 3s,50 | 4h 6m 58s,10 | 54s,60 | |
| | | γ Taureau | . . . . . | . . . . . | 12m 46s,75 | — 37s,10 | 12m 9s,65 | 14m 4s,91 | 55s,26 | |
| | | a Eridan | . . . . . | . . . . . | 17m 36s,00 | + 43s,19 | 18m 10s,19 | 20m 16s,55 | 57s,36 | |
| | | ε Taureau | . . . . . | . . . . . | 21m 31s,50 | — 42s,86 | 20m 48s,64 | 22m 45s,40 | 56s,76 | |
| | | 53 Eridan | . . . . . | . . . . . | 31m 33s,00 | + 7s,74 | 31m 40s,74 | 33m 35s,37 | 54s,63 | |
| | | | | | | Cercle Est Z + dh = | | | + 1m 54s,21 | |
| | | | | | | Z — | | | 50s,00 | |
| | | | | | | Cercle Ouest Z + | | | 20s,61 | |
| | | | | | | Z — | | | 22s,06 | |
| | | | | | | **Moyenne à 3h 6m dh =** | | | **+ 1m 38s,22** | |

## OBSERVATION DE L'HEURE

| DATE | CERCLE | ÉTOILES | Moyenne des fils $h_1$ | a séc δ | h = $h_1$ + a séc δ | Db | h + Db | Æ | Correction du Chronomètre dh = Æ − (h + Db) | OBSERVATIONS |
|---|---|---|---|---|---|---|---|---|---|---|
| | | **———— Station à Mo-Linga-Camp (lac Moéro) ————** | | | | | | | | Théodolite |
| Mardi 17 janvier 1899 | E. | δ Eridan | . . . . . | . . . | 3ʰ 30ᵐ 30ˢ,00 | . . . | . . . . . | 3ʰ 38ᵐ 26ˢ,50 | + 1ᵐ 56ˢ,50 | Pour rectifier D |
| | | ζ Persée | . . . . . | . . . | 45ᵐ 53ˢ,75 | − 0ˢ,39 | 3ʰ 45ᵐ 53ˢ,36 | 47ᵐ 49ˢ,24 | 55ˢ,88 | Mise au fil milieu |
| | | γ₁ Eridan | . . . . . | . . . | 51ᵐ 24ˢ,75 | + 0ˢ,05 | 51ᵐ 24ˢ,80 | 53ᵐ 20ˢ,85 | 50ˢ,05 | D = + 0ˢ,54 |
| | | ν' Tauri | . . . . . | . . . | 55ᵐ 50ˢ,50 | − 0ˢ,14 | 55ᵐ 56ˢ,36 | 57ᵐ 49ˢ,01 | 52ˢ,65 | n'entre pas dans dh |
| | | γ Taureau | . . . . . | . . . | 4ʰ 12ᵐ 9ˢ,00 | − 0ˢ,23 | 4ʰ 12ᵐ 8ˢ,77 | 4ʰ 14ᵐ 4ˢ,90 | 56ˢ,13 | |
| | O. | π¹ Orion | . . . . . | . . . | 4ʰ 42ᵐ 52ˢ,50 | + 0ˢ,18 | 4ʰ 42ᵐ 52ˢ,68 | 4ʰ 44ᵐ 23ˢ,80 | + 1ᵐ 31ˢ,12 | D = − 0ˢ,68 |
| | | ε Lièvre | . . . . . | . . . | 59ᵐ 39ˢ,60 | − 0ˢ,17 | 59ᵐ 39ˢ,33 | 5ʰ 1ᵐ 13ˢ,37 | 34ˢ,04 | |
| | | η Gémeaux | . . . . . | . . . | 6ʰ 7ᵐ 13ˢ,00 | + 0ˢ,38 | 6ʰ 7ᵐ 13ˢ,38 | 6ʰ 8ᵐ 40ˢ,63 | 30ˢ,25 | |
| | | α Navire (Canopus) | . . . . . | . . . | 20ᵐ 13ˢ,00 | − 0ˢ,77 | 20ᵐ 12ˢ,23 | 21ᵐ 45ˢ,24 | 33ˢ,01 | |
| | | γ Gémeaux | . . . . . | . . . | 30ᵐ 22ˢ,25 | + 0ˢ,31 | 30ᵐ 22ˢ,56 | 31ᵐ 55ˢ,38 | 32ˢ,82 | |
| | | αGrandChien(Sirius) | . . . . . | . . . | 39ᵐ 10ˢ,00 | − 0ˢ,09 | 39ᵐ 9ˢ,91 | 40ᵐ 44ˢ,23 | 34ˢ,32 | |
| | | | | | | | Cercle Est   Z +   dh = | | + 1ᵐ 56ˢ,05 | |
| | | | | | | | Z − | | 56ˢ,13 | |
| | | | | | | | Cercle Ouest   Z + | | 33ˢ,79 | |
| | | | | | | | Z − | | 33ˢ,40 | |
| | | | | | | | **Moyenne à 5ʰ 10ᵐ   dh =** | | **+ 1ᵐ 44ˢ,84** | |
| | | **———— Station au village Ka-Béça (chef Ki-Lomba) ————** <br> (Sud du lac Moéro) | | | | | | | | Cercle méridien <br> Chronomètre 737 |
| Jeudi 19 janvier 1899 | O. | ν Eridani | — à un fil — | . . . | 4ʰ 29ᵐ 54ˢ,48 | − 0ˢ,57 | 4ʰ 29ᵐ 53ˢ,91 | 4ʰ 31ᵐ 18ˢ,36 | + 1ᵐ 24ˢ,45 | D = + 5ˢ,60 |
| | | π¹ Orion | — à cinq fils — | . . . | 43ᵐ 0ˢ,37 | − 1ˢ,57 | 42ᵐ 58ˢ,80 | 44ᵐ 23ˢ,80 | 25ˢ,00 | |
| | | β Orion (Rigel) | 4ʰ 8ᵐ 17ˢ,75 | + 0ˢ,25 | 8ᵐ 18ˢ,00 | − 1ˢ,10 | 8ᵐ 16ˢ,90 | 5ʰ 9ᵐ 43ˢ,21 | 26ˢ,31 | |
| | | γ Orion | 18ᵐ 21ˢ,82 | + 0ˢ,25 | 18ᵐ 22ˢ,07 | − 1ˢ,52 | 18ᵐ 20ˢ,55 | 10ᵐ 45ˢ,27 | 24ˢ,72 | |
| | | α Lièvre | — à un fil — | . . . | 5ʰ 26ᵐ 53ˢ,00 | + 0ˢ,87 | 5ʰ 26ᵐ 53ˢ,87 | 28ᵐ 18ˢ,84 | 24ˢ,97 | |
| | E. | ζ Orion | — à cinq fils — | . . . | 5ʰ 34ᵐ 11ˢ,28 | − 1ˢ,07 | 5ʰ 34ᵐ 10ˢ,21 | 5ʰ 35ᵐ 42ˢ,18 | + 1ᵐ 31ˢ,97 | D = + 7ˢ,96 |
| | | α Orion | 5ʰ 48ᵐ 15ˢ,39 | − 0ˢ,25 | 48ᵐ 15ˢ,14 | − 2ˢ,32 | 48ᵐ 12ˢ,82 | 49ᵐ 44ˢ,69 | 31ˢ,87 | |
| | | β Grand Chien | 6ʰ 16ᵐ 45ˢ,19 | − 0ˢ,26 | 6ʰ 16ᵐ 44ˢ,93 | + 1ˢ,24 | 6ʰ 16ᵐ 46ˢ,17 | 6ʰ 18ᵐ 17ˢ,58 | 31ˢ,41 | |
| | | α Navire (Canopus) | 20ᵐ 4ˢ,64 | − 0ˢ,41 | 20ᵐ 4ˢ,23 | + 8ˢ,99 | 20ᵐ 13ˢ,22 | 21ᵐ 45ˢ,22 | 32ˢ,00 | |
| | | γ Gémeaux | 30ᵐ 27ˢ,25 | − 0ˢ,26 | 30ᵐ 26ˢ,00 | − 3ˢ,62 | 30ᵐ 23ˢ,37 | 31ᵐ 55ˢ,38 | 32ˢ,01 | |
| | | αGrandChien(Sirius) | 30ᵐ 12ˢ,25 | − 0ˢ,26 | 30ᵐ 11ˢ,90 | + 1ˢ,04 | 39ᵐ 13ˢ,03 | 40ᵐ 44ˢ,23 | 31ˢ,20 | |
| | | | | | | | Cercle Est   Z +   dh = | | + 1ᵐ 31ˢ,95 | |
| | | | | | | | Z − | | 31ˢ,54 | |
| | | | | | | | Cercle Ouest   Z + | | 25ˢ,12 | |
| | | | | | | | Z − | | 24ˢ,97 | |
| | | | | | | | **Moyenne à 5ʰ 36ᵐ   dh =** | | **+ 1ᵐ 28ˢ,40** | |

## OBSERVATION DE L'HEURE

**———— Station au village Ka-Béça (chef Ki-Lomba) ————**

(Sud du lac Moéro)

| DATE | CERCLE | ÉTOILES | Moyenne des fils $h_1$ | a séc $\delta$ | $h = h_1 +$ a séc $\delta$ | Db | $h +$ Db | Æ | Correction du Chronomètre dh = Æ — (h+Db) | OBSERVATIONS |
|---|---|---|---|---|---|---|---|---|---|---|
| Vendredi 20 janvier 1899 | E. | α Persée | — à deux fils — | . . . | 3h 15m 50s,05 | —14s,144 | 3h 15m 41s,906 | 3h 17m 9s,02 | + 1m 27s,11 | n'entre pas dans dh |
| | | Lune (1er bord) | 3h 20m 40s,444 | a F₁ séc δ — 0s,281 | h=h₁+a F₁ séc δ 3h 20m 40s,163 | — 6s,194 | h+s+Db 3h 21m 41s,700 | . . . . . | . . . . . | D = + 10s,73 |
| | | α Taureau (Aldébaran) | 4h 28m 42s,39 | - 0s,260 | 4h 28m 42s,130 | - 4s,830 | 4h 28m 37s,300 | 4h 30m 9s,74 | + 1m 32s,44 | |
| | | π¹ Orion | 42m 55s,28 | — 0s,252 | 42m 55s,028 | - 3s,003 | 42m 52s,025 | 44m 23s,79 | 31s,77 | |
| | | ε Lièvre | 50m 41s,06 | — 0s,270 | 50m 40s,790 | + 2s,635 | 50m 43s,425 | 5h 1m 13s,35 | 29s,93 | |
| | | β Orion (Rigel) | 5h 8m 12s,72 | — 0s,253 | 5h 8m 12s,467 | - 1s,093 | 5h 8m 11s,374 | 9m 43s,21 | 31s,84 | |
| | | γ Orion | — à deux fils — | . . . | 18m 16s,360 | - 2s,903 | 18m 13s,457 | 10m 45s,27 | 31s,81 | |
| | O. | α Navire (Canopus) | 6h 20m 13s,25 | + 0s,412 | 6h 20m 13s,662 | + 5s,351 | 6h 20m 19s,013 | 6h 21m 45s,21 | + 1m 26s,21 | D = + 4s,74 |
| | | γ Gémeaux | 30m 33s,83 | + 0s,261 | 30m 34s,091 | — 2s,154 | 30m 31s,937 | 31m 55s,38 | 23s,44 | n'entre pas dans dh |
| | | α Grand Chien (Sirius) | 39m 18s,36 | + 0s,261 | 39m 18s,021 | + 0s,618 | 39m 19s,239 | 40m 44s,23 | 24s,09 | |
| | | ε Grand Chien | 53m 14s,33 | + 0s,285 | 53m 14s,615 | + 1s,800 | 53m 16s,415 | 54m 41s,87 | 25s,45 | |

Cercle Est    Z +    dh —    + 1m 29s,93
           Z —    31s,085

Cercle Ouest    Z +    25s,22
           Z —    23s,44

**Moyenne à 5h 6m    dh =    + 1m 27s,644**

| DATE | CERCLE | ÉTOILES | Moyenne des fils $h_1$ | a séc $\delta$ | $h = h_1 +$ a séc $\delta$ | Db | $h +$ Db | Æ | Correction du Chronomètre dh = Æ — (h+Db) | OBSERVATIONS |
|---|---|---|---|---|---|---|---|---|---|---|
| Samedi 21 janvier 1899 | E. | ζ Persée | — à cinq fils — | . . . | 3h 46m 20s,12 | - 4s,066 | 3h 46m 16s,054 | 3h 47m 49s,20 | + 1m 33s,146 | D = + 5s,41 |
| | | Lune (1er bord) | 4h 15m 5s,00 | a F₁ séc δ — 0s,284 | h=h₁+a F₁ séc δ 4h 15m 5s,316 | - 3s,321 | h+s+Db 4h 16m 10s,035 | . . . . . | . . . . . | |
| | | ε Taureau | — à six fils — | . . . | 4h 21m 15s,000 | — 2s,716 | 4h 21m 12s,374 | 4h 22m 45s,36 | 32s,986 | |
| | | α Taureau (Aldébaran) | 4h 28m 39s,18 | — 0s,260 | 28m 38s,020 | — 2s,435 | 28m 36s,485 | 30m 0s,73 | 33s,245 | |

| DATE | CERCLE | ÉTOILES | Moyenne des fils $h_1$ | a séc $\delta$ | $h = h_1 +$ a séc $\delta$ | Db | $h +$ Db | Æ | Correction du Chronomètre dh = Æ — (h+Db) | OBSERVATIONS |
|---|---|---|---|---|---|---|---|---|---|---|
| Lundi 23 janvier 1899 | E. | α Taureau (Aldébaran) | 4h 28m 37s,72 | — 0s,260 | 4h 28m 37s,460 | + 2s,367 | 4h 28m 39s,827 | 4h 30m 9s,71 | + 1m 29s,883 | Cercle méridien |
| | | ι Taureau | 34m 40s,83 | — 0s,271 | 34m 40s,550 | + 3s,033 | 34m 43s,592 | 36m 13s,29 | 29s,698 | |
| | | π¹ Orion | 42m 52s,78 | — 0s,252 | 42m 52s,528 | + 1s,472 | 42m 54s,000 | 44m 23s,77 | 29s,770 | |
| | | ι Cocher | 48m 53s,28 | — 0s,298 | 48m 52s,982 | + 1s,225 | 48m 57s,207 | 50m 27s,51 | 30s,303 | D = 5s,26 |
| | | β Orion (Rigel) | 5h 8m 13s,58 | — 0s,253 | 5h 8m 13s,327 | + 0s,536 | 5h 8m 13s,863 | 5h 9m 43s,19 | 29s,327 | |
| | | β Taureau | 18m 23s,63 | — 0s,284 | 18m 23s,346 | + 3s,675 | 18m 27s,021 | 19m 57s,11 | 30s,080 | |
| | | α Lièvre | 26m 50s,00 | - 0s,263 | 26m 49s,737 | - 0s,818 | 26m 48s,919 | 28m 18s,81 | 29s,891 | |
| | | α Colombe | 34m 34s,61 | — 0s,302 | 34m 34s,308 | - 2s,656 | 34m 31s,652 | 36m 1s,85 | 30s,198 | |
| | | Lune (1er bord) | 6h 3m 53s,93 | a F₁ séc δ — 0s,284 | h=h₁+a F₁ séc δ 6h 3m 53s,650 | + 3s,225 | h+s+Db 6h 5m 4s,011 | . . . . . | . . . . . | |
| | | α Grand Chien (Sirius) | 6h 39m 15s,58 | - 0s,261 | 6h 39m 15s,319 | — 0s,686 | 6h 39m 14s,633 | 6h 40m 44s,22 | 29s,587 | |

## OBSERVATION DE L'HEURE

| DATE | CERCLE | ÉTOILES | Moyenne des fils $h_1$ | a séc δ | h = h₁ + a séc δ | Db | h + Db | R | Correction du Chronomètre dh = R − (h + Db) | OBSERVATIONS |
|---|---|---|---|---|---|---|---|---|---|---|
| | | ━━ **Station au village Ka-Bêça (chef Ki-Lomba)** ━━ (Sud du lac Moéro) | | | | | | | | |
| Mercredi 25 janvier 1899 | E | ι Taureau | 4ʰ 21ᵐ 13ˢ,85 | — 0ˢ,264 | 4ʰ 21ᵐ 13ˢ,586 | + 5ˢ,20 | 4ʰ 21ᵐ 18ˢ,786 | 4ʰ 22ᵐ 45ˢ,32 | + 1ᵐ 26ˢ,534 | D — 10ˢ,40 |
| | | α Taureau (Aldébaran) | 28ᵐ 38ˢ,40 | — 0ˢ,260 | 28ᵐ 38ˢ,140 | + 4ˢ,68 | 28ᵐ 42ˢ,820 | 30ᵐ 9ˢ,69 | 26ˢ,870 | |
| | | 53 Éridan | 32ᵐ 9ˢ,93 | — 0ˢ,258 | 32ᵐ 9ˢ,672 | — 1ˢ,06 | 32ᵐ 8ˢ,612 | 33ᵐ 35ˢ,27 | 26ˢ,658 | |
| | | α Burin | 36ᵐ 1ˢ,39 | · 0ˢ,337 | 36ᵐ 1ˢ,053 | — 7ˢ,56 | 35ᵐ 53ˢ,493 | 37ᵐ 20ˢ,37 | 26ˢ,877 | |
| | | 9 Camélop | 42ᵐ 12ˢ,50 | — 0ˢ,619 | 42ᵐ 11ˢ,881 | + 24ˢ,92 | 42ᵐ 36ˢ,801 | 44ᵐ 4ˢ,84 | 28ˢ,639 | n'entre pas dans dh |
| | | ι Cocher | 48ᵐ 52ˢ,70 | — 0ˢ,298 | 48ᵐ 52ˢ,402 | + 8ˢ,30 | 49ᵐ 0ˢ,702 | 50ᵐ 27ˢ,49 | 26ˢ,728 | |
| | | ι Tauri | 55ᵐ 33ˢ,94 | — 0ˢ,298 | 55ᵐ 33ˢ,672 | + 5ˢ,72 | 55ᵐ 39ˢ,392 | 57ᵐ 5ˢ,92 | 26ˢ,528 | |
| | | ε Lièvre | 59ᵐ 49ˢ,40 | — 0ˢ,270 | 59ᵐ 49ˢ,130 | — 2ˢ,56 | 59ᵐ 46ˢ,570 | 5ʰ 1ᵐ 13ˢ,29 | 26ˢ,720 | |
| | | β Orion (Rigel) | 5ʰ 8ᵐ 16ˢ,55 | — 0ˢ,250 | 5ʰ 8ᵐ 16ˢ,300 | + 0ˢ,19 | 5ʰ 8ᵐ 16ˢ,490 | 9ᵐ 43ˢ,16 | 26ˢ,670 | |
| | | γ Orion | 18ᵐ 15ˢ,80 | · 0ˢ,250 | 18ᵐ 15ˢ,550 | + 2ˢ,81 | 18ᵐ 18ˢ,360 | 19ᵐ 45ˢ,24 | 26ˢ,880 | |
| | | α Lièvre | 26ᵐ 53ˢ,95 | — 0ˢ,263 | 26ᵐ 53ˢ,687 | — 1ˢ,62 | 26ᵐ 52ˢ,067 | 28ᵐ 18ˢ,80 | 26ˢ,733 | |
| | | ε Orion | 29ᵐ 39ˢ,77 | · 0ˢ,250 | 29ᵐ 39ˢ,520 | + 1ˢ,48 | 29ᵐ 41ˢ,000 | 31ᵐ 7ˢ,59 | 26ˢ,590 | |
| | | α Colombe | 34ᵐ 40ˢ,45 | — 0ˢ,302 | 34ᵐ 40ˢ,148 | — 5ˢ,25 | 34ᵐ 34ˢ,898 | 36ᵐ 1ˢ,83 | 26ˢ,932 | |
| | | δ Dorade | 43ᵐ 32ˢ,42 | — 0ˢ,609 | 43ᵐ 31ˢ,811 | — 21ˢ,11 | 43ᵐ 10ˢ,701 | 44ᵐ 38ˢ,29 | 27ˢ,589 | n'entre pas dans dh |
| | O. | ν Orion | 6ʰ 0ᵐ 21ˢ,17 | + 0ˢ,258 | 6ʰ 0ᵐ 21ˢ,428 | + 4ˢ,340 | 6ʰ 0ᵐ 25ˢ,768 | 6ʰ 1ᵐ 50ˢ,96 | + 1ᵐ 25ˢ,192 | D — 10ˢ,26 |
| | | η Gémeaux | 7ᵐ 18ˢ,39 | + 0ˢ,271 | 7ᵐ 18ˢ,661 | + 5ˢ,879 | 7ᵐ 24ˢ,540 | 8ᵐ 49ˢ,61 | 25ˢ,070 | |
| | | β Grand Chien | 16ᵐ 53ˢ,52 | + 0ˢ,263 | 16ᵐ 53ˢ,783 | — 1ˢ,595 | 16ᵐ 52ˢ,188 | 18ᵐ 17ˢ,55 | 25ˢ,362 | |
| | | α Navire (Canopus) | 20ᵐ 31ˢ,26 | + 0ˢ,412 | 20ᵐ 31ˢ,072 | — 11ˢ,582 | 20ᵐ 20ˢ,000 | 21ᵐ 45ˢ,13 | 25ˢ,040 | |
| | | γ Gémeaux | 30ᵐ 25ˢ,17 | + 0ˢ,261 | 30ᵐ 25ˢ,431 | + 4ˢ,665 | 30ᵐ 30ˢ,096 | 31ᵐ 55ˢ,38 | 25ˢ,284 | |
| | | α Grand Chien (Sirius) | 39ᵐ 20ˢ,17 | + 0ˢ,261 | 39ᵐ 20ˢ,431 | — 1ˢ,338 | 39ᵐ 19ˢ,093 | 40ᵐ 44ˢ,21 | 25ˢ,117 | |
| | | 15 Lyncis | 47ᵐ 53ˢ,73 | + 0ˢ,470 | 46ᵐ 54ˢ,209 | + 18ˢ,232 | 47ᵐ 12ˢ,441 | 48ᵐ 36ˢ,62 | 24ˢ,179 | n'entre pas dans dh |
| | | ε Grand Chien | 53ᵐ 20ˢ,12 | + 0ˢ,285 | 53ᵐ 20ˢ,405 | — 3ˢ,895 | 53ᵐ 16ˢ,510 | 54ᵐ 41ˢ,85 | 25ˢ,340 | |
| | | δ Grand Chien | 7ʰ 2ᵐ 57ˢ,43 | + 0ˢ,279 | 7ʰ 2ᵐ 57ˢ,709 | — 3ˢ,317 | 7ʰ 2ᵐ 54ˢ,392 | 7ʰ 4ᵐ 19ˢ,56 | 25ˢ,168 | |
| | | δ Gémeaux | 12ᵐ 37ˢ,38 | + 0ˢ,270 | 12ᵐ 37ˢ,650 | + 5ˢ,795 | 12ᵐ 43ˢ,445 | 14ᵐ 8ˢ,48 | 25ˢ,035 | |
| | | ι Géminorum | 17ᵐ 58ˢ,15 | + 0ˢ,283 | 17ᵐ 58ˢ,433 | + 7ˢ,050 | 18ᵐ 5ˢ,483 | 19ᵐ 30ˢ,35 | 24ˢ,867 | |
| | | α² Gémeaux | 26ᵐ 39ˢ,31 | + 0ˢ,295 | 26ᵐ 39ˢ,605 | + 8ˢ,021 | 26ᵐ 47ˢ,626 | 28ᵐ 12ˢ,61 | 24ˢ,984 | |
| | | g Gémeaux | — à huit fils — | . . . | 38ᵐ 49ˢ,70 | + 5ˢ,103 | 38ᵐ 54ˢ,803 | 40ᵐ 19ˢ,49 | 24ˢ,687 | n'entre pas dans dh |
| | | Lune (1ᵉʳ bord) | 7ʰ 47ᵐ 40ˢ,592 | a F₁ séc δ + 0ˢ,274 | h = h₁ + a F₁ séc δ 7ʰ 47ᵐ 40ˢ,866 | + 5ˢ,279 | h + Db + s 7ʰ 48ᵐ 50ˢ,780 | . . . . . . | . . . . . . | |
| | | χ Carène | — à sept fils — | . . . | 7ʰ 53ᵐ 2ˢ,640 | — 11ˢ,020 | 7ʰ 52ᵐ 51ˢ,020 | 54ᵐ 15ˢ,58 | 24ˢ,56 | n'entre pas dans dh |

Cercle Est    z +    dh =    + 1ᵐ 26ˢ,784
z −    26ˢ,686

Cercle Ouest    z +    dh =    25ˢ,205
z −    25ˢ,072

**Moyenne à 6ʰ 8ᵐ    dh =    + 1ᵐ 25ˢ,937**

## OBSERVATION DE L'HEURE

**Station au village Ka-Béça (chef Ki-Lomba)**

(Sud du lac Moéro)

| DATE | CERCLE | ÉTOILES | Moyenne des fils $h_1$ | $a\ \sec\delta$ | $h = h + a\sec\delta$ | Db | $h + Db$ | Æ | Correction du Chronomètre $dh = Æ-(h+Db)$ | OBSERVATIONS |
|---|---|---|---|---|---|---|---|---|---|---|
| | E. | ε Tauri | $4^h\ 55^m\ 42^s,50$ | $-0^s,27$ | $4^h\ 55^m\ 42^s,23$ | $+1^s,28$ | $4^h\ 55^m\ 43^s,51$ | $4^h\ 57^m\ 5^s,86$ | $+1^m\ 22^s,35$ | D = $-2^s,34$ |
| | | α Cocher (la Chèvre) | $5^h\ 7^m\ 51^s,75$ | $-0^s,36$ | $5^h\ 7^m\ 51^s,39$ | $+2^s,73$ | $5^h\ 7^m\ 54^s,12$ | $5^h\ 9^m\ 16^s,74$ | $22^s,62$ | |
| | | γ Orion | $18^m\ 22^s,50$ | $-0^s,25$ | $18^m\ 22^s,34$ | $+0^s,63$ | $18^m\ 22^s,97$ | $19^m\ 45^s,17$ | $22^s,20$ | |
| | | α Lièvre | $26^m\ 57^s,22$ | $-0^s,26$ | $26^m\ 56^s,96$ | $-0^s,36$ | $26^m\ 56^s,60$ | $28^m\ 18^s,72$ | $22^s,12$ | |
| | | ε Orion | $29^m\ 45^s,44$ | $-0^s,25$ | $29^m\ 45^s,19$ | $+0^s,33$ | $29^m\ 45^s,52$ | $31^m\ 7^s,54$ | $22^s,02$ | |
| | | α Colombe | $34^m\ 41^s,12$ | $-0^s,30$ | $34^m\ 40^s,82$ | $-1^s,18$ | $34^m\ 39^s,64$ | $36^m\ 1^s,74$ | $22^s,10$ | |
| | O. | ν Orion | $6^h\ 0^m\ 29^s,37$ | $+0^s,26$ | $6^h\ 0^m\ 29^s,63$ | $+0^s,21$ | $6^h\ 0^m\ 29^s,84$ | $6^h\ 1^m\ 50^s,92$ | $+1^m\ 21^s,08$ | D = $-0^s,50$ |
| | | η Gémeaux | $7^m\ 27^s,93$ | $+0^s,27$ | $7^m\ 28^s,20$ | $+0^s,29$ | $7^m\ 28^s,49$ | $8^m\ 40^s,57$ | $21^s,08$ | |
| | | β Grand Chien | $16^m\ 56^s,22$ | $+0^s,26$ | $16^m\ 56^s,48$ | $-0^s,08$ | $16^m\ 56^s,40$ | $18^m\ 17^s,51$ | $21^s,11$ | |
| | | α Navire (Canopus) | $20^m\ 24^s,37$ | $+0^s,41$ | $20^m\ 24^s,78$ | $-0^s,56$ | $20^m\ 24^s,22$ | $21^m\ 45^s,01$ | $20^s,79$ | |
| | | γ Gémeaux | $30^m\ 33^s,86$ | $+0^s,26$ | $30^m\ 34^s,12$ | $+0^s,23$ | $30^m\ 34^s,35$ | $31^m\ 55^s,36$ | $21^s,01$ | |
| | | α Grand Chien (Sirius) | $39^m\ 22^s,94$ | $+0^s,26$ | $39^m\ 23^s,20$ | $-0^s,07$ | $39^m\ 23^s,13$ | $40^m\ 44^s,18$ | $21^s,05$ | |
| | | γ Grand Chien | $57^m\ 52^s,53$ | $+0^s,26$ | $57^m\ 52^s,70$ | $-0^s,05$ | $57^m\ 52^s,74$ | $59^m\ 13^s,88$ | $21^s,14$ | |

Mercredi 1er février 1899

Cercle Est    Z +    dh = $+1^m\ 22^s,11$

         Z −    $22^s,30$

Cercle Ouest    Z +    $21^s,02$

         Z −    $21^s,05$

**Moyenne à $6^h$**    dh = $+1^m\ 21^s,62$

---

**Station à la rivière Ka-Toula**

(Rive droite)

| DATE | CERCLE | ÉTOILES | Moyenne des fils $h_1$ | $a\ \sec\delta$ | $h = h + a\sec\delta$ | Db | $h + Db$ | Æ | Correction du Chronomètre $dh = Æ-(h+Db)$ | OBSERVATIONS |
|---|---|---|---|---|---|---|---|---|---|---|
| | E. | γ Taureau | . . . . | . . . | $4^h\ 13^m\ 26^s,50$ | $-19^s,88$ | $4^h\ 13^m\ 6^s,62$ | $4^h\ 14^m\ 4^s,65$ | $+0^m\ 58^s,03$ | Théodolite Chronomètre 737 |
| | | δ Tauri | . . . . | . . . | $16^m\ 32^s,00$ | $-21^s,48$ | $16^m\ 10^s,52$ | $17^m\ 8^s,55$ | $58^s,03$ | D = $+44^s,80$ |
| | | α Taureau | . . . . | . . . | $29^m\ 29^s,75$ | $-20^s,63$ | $29^m\ 9^s,12$ | $30^m\ 9^s,52$ | $60^s,40$ | |

Mercredi 8 février 1899

Cercle Est    Z +    **Moyenne à $4^h\ 22^m$**    dh = $+0^m\ 58^s,82$

## OBSERVATION DE L'HEURE

**Station au village Wamôla (chef Ka'n'Samball)**
(Rive droite de la Ka-Tofia)

| DATE | CERCLE | ÉTOILES | Moyenne des fils $h_1$ | a séc δ | h = h + a séc δ | Db | h + Db | Æ | Correction du Chronomètre dh = Æ — (h + Db) | OBSERVATIONS |
|---|---|---|---|---|---|---|---|---|---|---|
| Jeudi 9 février 1899 | E. | α Taureau (Aldébaran) | | | 4h 29m 9s,50 | — 3s,46 | 4h 29m 6s,04 | 4h 30m 9s,51 | + 1m 3s,47 | Théodolite Mise au fil milieu D = + 7s,47 |
| | | 53 Eridan | | | 32m 31s,00 | + 0s,59 | 32m 31s,59 | 33m 35s,06 | 3s,47 | |
| | | π¹ Orion | | | 43m 20s,00 | — 2s,19 | 43m 17s,81 | 44m 23s,58 | 5s,77 | |
| | | β Orion (Rigel) | | | 5h 8m 38s,80 | — 0s,23 | 8m 38s,57 | 5h 9m 43s,00 | 4s,43 | |
| | O. | γ Orion | | | 5h 19m 13s,30 | — 1s,46 | 5h 19m 11s,84 | 5h 19m 45s,10 | + 0m 33s,26 | D = + 5s,38 |
| | | δ Orion | | | 26m 20s,00 | — 0s,84 | 26m 19s,16 | 26m 53s,01 | 33s,85 | |
| | | α Colombe | | | 35m 22s,70 | + 2s,72 | 35m 25s,42 | 36m 1s,61 | 36s,19 | |
| | | α Navire (Canopus) | | | 6h 21m 5s,50 | + 6s,07 | 6h 21m 11s,57 | 6h 21m 44s,83 | 33s,26 | |
| | | α Grand Chien (Sirius) | | | 40m 5s,00 | + 0s,70 | 40m 5s,70 | 40m 44s,12 | 38s,42 | |

Cercle Est  %—  dh =  + 1m 3s,47
            %+         4s,56

Cercle Ouest  %—  + 0m 35s,96
              %+       33s,56

**Moyenne à 5h 35m  dh =  + 0m 49s,38**

**Station au village Pa-Windé (chef Ka-Pwassa)**
(Rive gauche de la Lou-Alala)

| DATE | CERCLE | ÉTOILES | Moyenne des fils $h_1$ | a séc δ | h = h + a séc δ | Db | h + Db | Æ | Correction du Chronomètre dh = Æ — (h + Db) | OBSERVATIONS |
|---|---|---|---|---|---|---|---|---|---|---|
| Lundi 13 février 1899 | E. | β Orion (Rigel) | | | 5h 8m 56s,75 | — 3s,83 | 5h 8m 52s,02 | 5h 9m 42s,94 | + 0m 50s,02 | Théodolite D = + 1m 51s,48 |
| | | δ Orion | | | 26m 19s,00 | — 19s,17 | 25m 59s,83 | 26m 52s,95 | 53s,12 | |
| | | α Lièvre | | | 27m 15s,75 | + 15s,58 | 27m 31s,38 | 28m 18s,55 | 47s,22 | |
| | | ε Orion | | | 30m 32s,00 | — 17s,39 | 30m 14s,61 | 31m 7s,40 | 52s,79 | |
| | | α Colombe | | | 34m 14s,00 | + 54s,40 | 35m 8s,40 | 36m 1s,53 | 53s,13 | |
| | O. | ζ Leporis | | | 5h 41m 52s,00 | + 10s,19 | 5h 42m 2s,19 | 5h 42m 24s,77 | + 0m 22s,58 | D = + 1m 47s,62 |
| | | α Orion | | | 40m 53s,00 | — 31s,68 | 40m 21s,32 | 40m 44s,50 | 23s,18 | |
| | | β Cocher | | | 53m 57s,00 | — 2m 3s,78 | 51m 53s,22 | 52m 10s,47 | 17s,25 | n'entre pas dans dh |
| | | β Grand Chien | | | 6h 17m 36s,00 | + 16s,28 | 6h 17m 52s,28 | 6h 18m 17s,38 | 25s,10 | |
| | | α Navire (Canopus) | | | 19m 26s,50 | + 2m 0s,95 | 21m 27s,45 | 21m 44s,71 | 17s,26 | n'entre pas dans dh |
| | | γ Gémeaux | | | 32m 21s,00 | — 49s,28 | 31m 31s,72 | 31m 55s,27 | 23s,55 | |
| | | α Grand Chien (Sirius) | | | 40m 0s,50 | + 13s,48 | 40m 19s,08 | 40m 44s,08 | 24s,10 | |

Cercle Est  %—  dh =  + 0m 50s,17
            %+         51s,08

Cercle Ouest  %—  dh =  + 0m 23s,13
              %+          23s,36

**Moyenne à 5h 55m  dh  + 0m 37s,36**

## OBSERVATION DE L'HEURE

| DATE | CERCLE | ÉTOILES | Moyenne des fils $h_1$ | a séc δ | h = h + a séc δ | Db | h + Db | ℛ | Correction du Chronomètre dh = ℛ − (h + Db) | OBSERVATIONS |
|---|---|---|---|---|---|---|---|---|---|---|
| | | | | | ——— Station au camp de la rivière N'toungwé ——— (Rive droite) | | | | | |
| Mardi 14 février 1899 | E. | ɛ Grand Chien | . . . . . . | . . . . | $6^h 54^m$ 4ˢ,00 | + 0ˢ,72 | $6^h 54^m$ 13ˢ,72 | $6^h 54^m$ 41ˢ,08 | + 0ᵐ 27ˢ,06 | Théodolite D = + 26ˢ,80 |
| | | α Petit Chien (Procyon) | . . . . . . | . . . . | $7^h 33^m$ 43ˢ,00 | − 7ˢ,34 | $7^h 33^m$ 35ˢ,66 | $7^h 34^m$ 3ˢ,61 | 27ˢ,95 | |

Cercle Est, Moyenne à $7^h 14^m$    dh =    + 0ᵐ 27ˢ,95

A Pa-Windé (village) on a obtenu : Moyenne, Cercle Est    dh =    + 0ᵐ 51ˢ,08

Nous obtenons à N'toungwé : Moyenne, Cercle Est    dh =    + 0ᵐ 27ˢ,95

Différence . . . . . . . . . . . . . .    − 23ˢ,13

dh exact de Pa-Windé    dh =    + 0ᵐ 37ˢ,36

**A $7^h 14^m$, dh exact de la N'toungwé**    **dh =**    + 0ᵐ 14ˢ,23

——— Station au camp de la Rᵛᵉ Ka-Boula-M'pakati ———

(Rive gauche)

| DATE | CERCLE | ÉTOILES | Moyenne des fils $h_1$ | a séc δ | h = h + a séc δ | Db | h + Db | ℛ | Correction du Chronomètre dh = ℛ − (h + Db) | OBSERVATIONS |
|---|---|---|---|---|---|---|---|---|---|---|
| Mercredi 15 février 1899 | E. | β Orion (Rigel) | . . . . . . | . . . . | $5^h$ 0ᵐ 41ˢ,50 | + 0ˢ,42 | $5^h$ 0ᵐ 41ˢ,92 | $5^h$ 9ᵐ 42ˢ,02 | + 0ᵐ 1ˢ,00 | Théodolite. D = − 12ˢ,30 |
| | | γ Orion | . . . . . . | . . . . | 19ᵐ 38ˢ,50 | + 3ˢ,53 | 19ᵐ 42ˢ,03 | 19ᵐ 45ˢ,02 | 2ˢ,99 | |
| | | δ Orion | . . . . . . | . . . . | 20ᵐ 48ˢ,25 | + 2ˢ,12 | 20ᵐ 50ˢ,37 | 20ᵐ 52ˢ,93 | 2ˢ,56 | |
| | | α Lièvre | . . . . . . | . . . . | 28ᵐ 17ˢ,50 | − 1ˢ,71 | 28ᵐ 15ˢ,70 | 28ᵐ 18ˢ,53 | 2ˢ,74 | |
| | | ɛ Orion | . . . . . . | . . . . | 31ᵐ 2ˢ,00 | + 1ˢ,92 | 31ᵐ 3ˢ,92 | 31ᵐ 7ˢ,38 | 3ˢ,46 | |
| | | α Colombe | . . . . . . | . . . . | 36ᵐ 4ˢ,50 | − 6ˢ,00 | 35ᵐ 58ˢ,50 | $5^h$ 36ᵐ 1ˢ,49 | 2ˢ,99 | |
| | O. | ζ Leporis | . . . . . . | . . . . | $5^h$ 42ᵐ 54ˢ,00 | − 2ˢ,27 | $5^h$ 42ᵐ 51ˢ,73 | $5^h$ 42ᵐ 24ˢ,75 | + 0ᵐ 26ˢ,08 | D = − 24ˢ,07 |
| | | α Orion | . . . . . . | . . . . | 50ᵐ 8ˢ,50 | + 7ˢ,08 | 50ᵐ 15ˢ,58 | 49ᵐ 44ˢ,48 | 31ˢ,10 | |
| | | η Gémeaux | . . . . . . | . . . . | $6^h$ 0ᵐ 4ˢ,00 | + 13ˢ,87 | $6^h$ 0ᵐ 17ˢ,87 | $6^h$ 8ᵐ 49ˢ,44 | 28ˢ,43 | |
| | | β Grand Chien | . . . . . . | . . . . | 18ᵐ 45ˢ,50 | − 3ˢ,64 | 18ᵐ 41ˢ,86 | 18ᵐ 17ˢ,36 | 24ˢ,50 | |
| | | α Navire (Canopus) | . . . . . . | . . . . | 22ᵐ 40ˢ,50 | − 27ˢ,05 | 22ᵐ 13ˢ,45 | 21ᵐ 44ˢ,67 | 28ˢ,78 | |
| | | γ Gémeaux | . . . . . . | . . . . | 32ᵐ 13ˢ,00 | + 11ˢ,02 | 32ᵐ 24ˢ,02 | 31ᵐ 55ˢ,25 | 28ˢ,77 | |
| | | α Grand Chien (Sirius) | . . . . . . | . . . . | 41ᵐ 13ˢ,00 | − 3ˢ,04 | 41ᵐ 9ˢ,96 | 40ᵐ 44ˢ,06 | 0ᵐ 23ˢ,90 | |

Cercle Est    Z −    dh =    + 0ᵐ 2ˢ,86

        Z +        2ˢ,50

Cercle Ouest    Z −    + 0ᵐ 26ˢ,54

        Z +        29ˢ,43

**Moyenne à $6^h$**    **dh =**    − 0ᵐ 12ˢ,65

## OBSERVATION DE L'HEURE

——— Station à Lofoï-Station ———

**Mercredi 22 février 1899**

| DATE | CERCLE | ÉTOILES | Moyenne des fils h₁ | a séc δ | h = h₁ + a séc δ | Db | h + Db | Æ | Correction du Chronomètre dh = Æ − (h + Db) | OBSERVATIONS |
|---|---|---|---|---|---|---|---|---|---|---|
| | E. | δ Gémeaux | 7h 17m 49s,07 | — 0s,270 | 7h 17m 49s,70 | — 76s,495 | 7h 16m 33s,205 | 7h 14m 8s,35 | .... 2m 24s,855 | D : + 2m 12s,39 |
| | | 63 Gémeaux | — à un fil — | . . | 25m 27s,77 | — 75s,005 | 24m 12s,705 | 21m 47s,50 | 22s,115 | |
| | | α₂ Gémeaux | 7h 32m 22s,80 | — 0s,295 | 32m 22s,505 | -1m45s,224 | 30m 37s,371 | 28m 12s,51 | 24s,861 | |
| | | αPetitChien(Procyon) | —à quatre fils— | . . . | 37m 3s,08 | — 35s,917 | 36m 28s,063 | 34m 3s,55 | 24s,513 | |
| | | βGémeaux(Pollux) | 7h 43m 10s,00 | — 0s,284 | 43m 9s,716 | -1m33s,467 | 41m 36s,249 | 39m 11s,22 | 25s,029 | |
| | | δ Écrevisse | — à un fil — | . . . | 8h 14m 15s,61 | — 45s,218 | 8h 13m 30s,372 | 8h 11m 5s,10 | 25s,272 | |
| | | Lune (1er bord) | 8h 25m 8s,28 | a F₁ séc δ — 0s,270 | h=h₁+aF₁ séc δ 8h 25m 8s,010 | — 64s,249 | h+S+Db 8h 25m 7s,576 | . . . . . | . . . . . | |

Cercle Est  **Z +**    Moyenne à 7h 40m    dh =    — 2m 24s,941

**Vendredi 3 mars 1899**

| DATE | CERCLE | ÉTOILES | Moyenne des fils h₁ | a séc δ | h = h₁ + a séc δ | Db | h + Db | Æ | Correction du Chronomètre dh = Æ − (h + Db) | OBSERVATIONS |
|---|---|---|---|---|---|---|---|---|---|---|
| | E. | π Poupe | 7h 16m 10s,42 | — 0s,31 | 7h 16m 10s,11 | — 5s,07 | 7h 16m 5s,04 | 7h 13m 30s,59 | — 2m 28s,45 | D :— — 0s,00 |
| | | β Petit Chien | 24m 8s,82 | — 0s,25 | 24m 8s,57 | + 2s,91 | 24m 11s,48 | 21m 42s,94 | 28s,54 | |
| | | α¹ Gémeaux | 30m 33s,83 | — 0s,20 | 30m 33s,54 | + 7s,15 | 30m 40s,69 | 28m 12s,40 | 28s,20 | |
| | | αPetitChien(Procyon) | 36m 20s,87 | — 0s,25 | 36m 20s,62 | + 2s,44 | 36m 22s,06 | 34m 3s,46 | 28s,60 | |
| | | βGémeaux(Pollux) | 41m 33s,64 | — 0s,28 | 41m 33s,36 | + 6s,35 | 41m 39s,71 | 39m 11s,12 | 28s,50 | |
| | | ξ Navire | 47m 36s,42 | — 0s,28 | 47m 36s,14 | — 2s,46 | 47m 33s,68 | 45m 5s,21 | 28s,47 | |
| | O. | β Navire | —à quatre fils— | . . . | 8h 5m 49s,18 | — 2s,40 | 8h 5m 46s,78 | 8h 3m 16s,88 | — 2m 29s,90 | D :— — 0s,16 |
| | | β Écrevisse | — à cinq fils — | . . . | 13m 31s,81 | + 3s,13 | 13m 34s,94 | 11m 5s,04 | 29s,90 | |
| | | δ Hydre | —à quatre fils— | . . . | 34m 49s,02 | + 2s,58 | 34m 51s,60 | 32m 21s,23 | 30s,37 | |

Cercle Est    **Z +**    dh =    — 2m 28s,46
        **Z —**        28s,50

Cercle Ouest  **Z +**        — 2m 29s,90
        **Z —**        30s,13

Moyenne à 8h    dh =    — 2m 29s,25

## OBSERVATION DE L'HEURE

— Station à Lofoy-Station —

| DATE | CERCLE | ÉTOILES | Moyenne des fils $h_1$ | a séc δ | h = h₁ + a séc δ | Db | h + Db | R | Correction du Chronomètre dh = R —(h+Db) | OBSERVATIONS |
|---|---|---|---|---|---|---|---|---|---|---|
| Samedi 4 mars 1899 | O | ζ Orion | 5h 38m 10s,07 | + 0s,25 | 5h 38m 10s,32 | + 1s,61 | 5h 38m 11s,93 | 5h 35m 41s,66 | — 2m 30s,27 | D = — 11s,24 |
| | | α Orion | 52m 10s,74 | + 0s,25 | 52m 10s,99 | + 3s,42 | 52m 14s,41 | 40m 44s,22 | 30s,19 | |
| | | b Cocher | — à trois fils — | . . . | 55m 13s,03 | + 10s,40 | 55m 23s,43 | 52m 52s,54 | 30s,89 | n'entre pas dans dh |
| | | η Gémeaux | — à sept fils — | . . . | 6h 11m 13s,40 | + 6s,58 | 6h 11m 19s,98 | 6h 8m 49s,19 | 30s,79 | |
| | | β Grand Chien | 6h 20m 48s,62 | + 0s,26 | 20m 48s,88 | — 1s,48 | 20m 47s,40 | 18m 17s,09 | 30s,81 | |
| | | α Navire (Canopus) | 24m 27s,12 | + 0s,41 | 24m 27s,53 | — 12s,61 | 24m 14s,92 | 21m 44s,14 | 30s,78 | |
| | E. | γ Gémeaux | 6h 34m 18s,94 | — 0s,26 | 6h 34m 18s,68 | + 5s,18 | 6h 34m 23s,86 | 6h 31m 55s,02 | — 2m 28s,84 | D = — 11s,06 |
| | | α Grand Chien (Sirius) | 43m 14s,06 | — 0s,26 | 43m 13s,80 | — 1s,28 | 43m 12s,52 | 40m 43s,81 | 28s,71 | |
| | | δ Grand Chien | 7h 0m 51s,32 | — 0s,28 | 7h 6m 51s,04 | — 3s,40 | 7h 6m 47s,64 | 7h 4m 19s,16 | 28s,48 | |
| | | λ Géminorum | — à six fils — | . . . | 14m 43s,68 | + 5s,23 | 14m 48s,91 | 7h 12m 19s,04 | 28s,97 | |
| | | β Petit Chien | 7h 24m 8s,62 | — 0s,25 | 24m 8s,37 | + 3s,58 | 24m 11s,95 | 21m 42s,93 | 29s,02 | |
| | | α² Gémeaux | 30m 32s,55 | — 0s,20 | 30m 32s,26 | + 8s,70 | 30m 41s,05 | 28m 12s,39 | 28s,66 | |
| | | α Petit Chien (Procyon) | 36m 29s,49 | — 0s,25 | 36m 29s,24 | + 3s,00 | 36m 32s,24 | 34m 3s,45 | 28s,70 | |
| | | β Gémeaux (Pollux) | 41m 32s,17 | — 0s,28 | 41m 31s,89 | + 7s,81 | 41m 39s,70 | 39m 11s,11 | 28s,59 | |
| | | ξ Navire | 47m 37s,16 | — 0s,28 | 47m 36s,88 | — 3s,03 | 47m 33s,85 | 45m 5s,19 | 28s,66 | |
| | | | | | | Cercle Est Z + dh = | | | — 2m 28s,62 | |
| | | | | | | Z — | | | 28s,81 | |
| | | | | | | Cercle Ouest Z + | | | — 2m 30s,55 | |
| | | | | | | Z — | | | 30s,42 | |
| | | | | | | Moyenne à 6h 40m dh = | | | — 2m 29s,60 | |
| Samedi 4 mars 1899 | E. | σ Scorpion | 16h 17m 36s,972 | — 0s,277 | 16h 17m 36s,605 | — 2s,710 | 16h 17m 33s,085 | 16h 15m 5s,052 | — 2m 28s,933 | D = — 9s,38 |
| | | α Scorpion (Antarès) | 25m 46s,922 | — 0s,279 | 25m 46s,643 | — 2s,886 | 25m 43s,757 | 23m 14s,912 | 28s,845 | |
| | | τ Scorpion | 32m 10s,233 | — 0s,283 | 32m 9s,950 | — 3s,252 | 32m 6s,698 | 29m 37s,766 | 28s,932 | |
| | | ζ Hercule | 39m 51s,956 | — 0s,294 | 39m 51s,662 | + 7s,379 | 39m 59s,041 | 37m 30s,108 | 58s,933 | |
| | | Lune (2e bord) | 16h 55m 15s,028 | a F₁ séc δ — 0s,286 | h=h₁ + a F₁ séc δ 16h 55m 14s,742 | — 2s,564 | h + S + Db 16h 53m 58s,958 | . . . . . | . . . . . | |
| | | | | | | Cercle Est Z + dh = | | | — 2m 28s,903 | |
| | | | | | | Z — | | | 28s,933 | |
| | | | | | | Cercle Est, moyenne à 16h 26m dh = | | | — 2m 28s,918 | |

## OBSERVATION DE L'HEURE

| DATE | CERCLE | ÉTOILES | Moyenne des fils $h_1$ | a séc δ | h = h₁ + a séc δ | Db | h + Db | Æ | Correction du Chronomètre dh = Æ — (h + Db) | OBSERVATIONS |
|---|---|---|---|---|---|---|---|---|---|---|
| | | | | | | | | | | |

—— Station à Lofoï-Station ——

| | | | | a F₁ séc δ | h = h₁ + a F₁ séc δ | | h + S + Db | | | |
|---|---|---|---|---|---|---|---|---|---|---|
| Dimanche 19 mars 1899 | E. | Lune (1ᵉʳ bord) | 6ʰ 23ᵐ 2ˢ,506 | — 0ˢ,282 | 6ʰ 23ᵐ 2ˢ,224 | + 11ˢ,854 | 6ʰ 24ᵐ 21ˢ,281 | . . . . . | . . . . . | |
| | | γ Gémeaux | 34ᵐ 27ˢ,711 | — 0ˢ,261 | 34ᵐ 27ˢ,450 | + 9ˢ,062 | 34ᵐ 36ˢ,512 | 6ʰ 31ᵐ 54ˢ,774 | — 2ᵐ 41ˢ,738 | D = — 19ˢ,35 |
| | | α Grand Chien (Sirius) | 43ᵐ 27ˢ,811 | — 0ˢ,261 | 43ᵐ 27ˢ,550 | — 2ˢ,241 | 43ᵐ 25ˢ,309 | 40ᵐ 43ˢ,588 | 41ˢ,771 | |
| | | ε Grand Chien | 57ᵐ 29ˢ,944 | — 0ˢ,285 | 57ᵐ 29ˢ,659 | — 7ˢ,070 | 57ᵐ 22ˢ,589 | 54ᵐ 41ˢ,092 | 41ˢ,497 | |
| | | δ Gémeaux | — à un fil — | . . . | 7ʰ 16ᵐ 39ˢ,364 | + 11ˢ,180 | 7ʰ 16ᵐ 50ˢ,544 | 7ʰ 14ᵐ 7ˢ,994 | 42ˢ,550 | A rejeter |
| | | α² Gémeaux | 7ʰ 30ᵐ 38ˢ,606 | — 0ˢ,295 | 30ᵐ 38ˢ,311 | + 15ˢ,379 | 30ᵐ 53ˢ 690 | 28ᵐ 12ˢ,136 | 41ˢ,554 | |
| | | β Gémeaux (Pollux) | 41ᵐ 39ˢ,222 | — 0ˢ,284 | 41ᵐ 38ˢ,938 | + 13ˢ,661 | 41ᵐ 52ˢ,599 | 39ᵐ 10ˢ,874 | 41ˢ,725 | |

Cercle Est    Z +    dh =    — 2ᵐ 41ˢ,634<br>Z —    41ˢ,672

Cercle Est, moyenne à 7ʰ 5ᵐ    dh =    — 2ᵐ 41ˢ,653

| | | | | | | | | | | |
|---|---|---|---|---|---|---|---|---|---|---|
| Lundi 20 mars 1899 | O. | α Navire (Canopus) | 6ʰ 24ᵐ 21ˢ,928 | + 0ˢ,412 | 6ʰ 24ᵐ 22ˢ,340 | + 6ˢ,550 | 6ʰ 24ᵐ 28ˢ,890 | 6ʰ 21ᵐ 43ˢ,576 | — 2ᵐ 45ˢ,314 | D = + 5ˢ,89 |
| | | γ Gémeaux | 34ᵐ 42ˢ,250 | + 0ˢ,261 | 34ᵐ 42ˢ,511 | — 2ˢ,757 | 34ᵐ 39ˢ,754 | 31ᵐ 54ˢ,757 | 44ˢ,997 | |
| | | α Grand Chien (Sirius) | 43ᵐ 27ˢ,356 | + 0ˢ,261 | 43ᵐ 27ˢ,617 | + 0ˢ,682 | 43ᵐ 28ˢ,299 | 40ᵐ 43ˢ,519 | 44ˢ,780 | |
| | | ε Grand Chien | 57ᵐ 23ˢ,344 | + 0ˢ,285 | 57ᵐ 23ˢ,629 | + 2ˢ,150 | 57ᵐ 25ˢ,779 | 54ᵐ 41ˢ,071 | 44ˢ,708 | |
| | | δ Grand Chien | 7ʰ 7ᵐ 1ˢ,544 | + 0ˢ,279 | 7ʰ 7ᵐ 1ˢ,823 | + 1ˢ,812 | 7ʰ 7ᵐ 3ˢ,635 | 4ᵐ 18ˢ,850 | 44ˢ,785 | |
| | | Lune (1ᵉʳ bord) | 7ʰ 15ᵐ 44ˢ,361 | + 0ˢ,278 | 7ʰ 15ᵐ 44ˢ,639 | — 3ˢ,343 | 7ʰ 16ᵐ 47ˢ,089 | . . . . . | . . . . . | |
| | | α² Gémeaux | 31ᵐ 1ˢ,822 | + 0ˢ,295 | 31ᵐ 2ˢ,117 | — 4ˢ,681 | 30ᵐ 57ˢ,436 | 7ʰ 28ᵐ 12ˢ,118 | 45ˢ,318 | |
| | | α Petit Chien (Procyon) | 36ᵐ 49ˢ,522 | + 0ˢ,251 | 36ᵐ 49ˢ,773 | — 1ˢ,598 | 36ᵐ 48ˢ,175 | 34ᵐ 3ˢ,225 | 44ˢ,950 | |
| | | β Gémeaux (Pollux) | 42ᵐ 0ˢ,089 | + 0ˢ,284 | 42ᵐ 0ˢ,373 | — 4ˢ,158 | 41ᵐ 56ˢ,215 | 39ᵐ 10ˢ,857 | 45ˢ,358 | |
| | E. | χ Carène | 7ʰ 56ᵐ 51ˢ,861 | — 0ˢ,413 | 7ʰ 56ᵐ 51ˢ,448 | + 6ˢ,015 | 7ʰ 56ᵐ 57ˢ,463 | 7ʰ 54ᵐ 14ˢ,579 | — 2ᵐ 42ˢ,884 | D = + 5ˢ,39 |
| | | ρ Navire | 8ʰ 5ᵐ 58ˢ,528 | — 0ˢ,274 | 8ʰ 5ᵐ 58ˢ,254 | + 1ˢ,411 | 8ʰ 5ᵐ 59ˢ,665 | 8ʰ 3ᵐ 16ˢ,706 | 42ˢ,959 | |
| | | α Hydre | 9ʰ 25ᵐ 23ˢ,639 | — 0ˢ,252 | 9ʰ 25ᵐ 23ˢ,387 | — 0ˢ,185 | 9ʰ 25ᵐ 23ˢ,202 | 9ʰ 22ᵐ 40ˢ,049 | 43ˢ,153 | |
| | | o Lion | 38ᵐ 33ˢ,806 | — 0ˢ,254 | 38ᵐ 33ˢ,552 | — 1ˢ,924 | 38ᵐ 31ˢ,628 | 35ᵐ 48ˢ,387 | 43ˢ,241 | |
| | | ε Lion | 42ᵐ 56ˢ,722 | — 0ˢ,274 | 42ᵐ 56ˢ,448 | — 3ˢ,341 | 42ᵐ 53ˢ,107 | 40ᵐ 10ˢ,227 | 42ˢ,880 | |

Cercle Est    Z —    dh =    — 2ᵐ 42ˢ,922<br>Z +    43ˢ,091

Cercle Ouest    Z —    44ˢ,897<br>Z +    45ˢ,156

Moyenne à 8ʰ    dh =    — 2ᵐ 44ˢ,016

## OBSERVATION DE L'HEURE

| DATE | CERCLE | ÉTOILES | Moyenne des fils $h_1$ | $a$ séc $\delta$ | $h = h_1 + a$ séc $\delta$ | Db | $h + Db$ | Æ | Correction du Chronomètre $dh = Æ - (h + Db)$ | OBSERVATION |
|---|---|---|---|---|---|---|---|---|---|---|
| | | | | | ——— Station à Lofoï-Station ——— | | | | | |
| Mardi 21 mars 1899 | E. | $\alpha^2$ Gémeaux | 7ʰ 31ᵐ 0ˢ,011 | — 0ˢ,259 | 7ʰ 30ᵐ 59ˢ,716 | — 4ˢ,125 | 7ʰ 30ᵐ 55ˢ,591 | 7ʰ 28ᵐ 12ˢ,100 | — 2ᵐ 43ˢ,401 | D :-. + 5ˢ,10 |
| | | αPetitChien(Procyon) | 36ᵐ 48ˢ,789 | — 0ˢ,251 | 36ᵐ 48ˢ,538 | — 1ˢ,408 | 36ᵐ 47ˢ,130 | 34ᵐ 3ˢ,210 | 43ˢ,920 | |
| | | β Gémeaux(Pollux) | 41ᵐ 58ˢ,322 | — 0ˢ,284 | 41ᵐ 58ˢ,038 | — 3ˢ,664 | 41ᵐ 54ˢ,374 | 39ᵐ 10ˢ,840 | 43,534 | |
| | | ξ Navire | 47ᵐ 47ˢ,556 | — 0ˢ,275 | 47ᵐ 47ˢ,281 | + 1ˢ,422 | 47ᵐ 48ˢ,703 | 45ᵐ 4ˢ,920 | 43ˢ,783 | |
| | | χ Carène | 56ᵐ 52ˢ,667 | — 0ˢ,413 | 56ᵐ 52ˢ,254 | + 5ˢ,792 | 56ᵐ 58ˢ,046 | 54ᵐ 14ˢ,550 | 43ˢ,496 | |
| | | Lune (1ᵉʳ bord) | 8ʰ 6ᵐ 0ˢ,056 | $a F_1$ séc $\delta$ — 0ˢ,272 | $h = h_1 + a F_1$ séc $\delta$ 8ʰ 5ᵐ 59ˢ,784 | — 2ˢ,640 | $h + S + Db$ 8ʰ 7ᵐ 1ˢ,507 | . . . . . . | . . . . . . | |
| | | δ Hydre | 35ᵐ 6ˢ,889 | — 0ˢ,251 | 35ᵐ 6ˢ,638 | — 1ˢ,462 | 35ᵐ 5ˢ,176 | 8ʰ 32ᵐ 21ˢ,050 | 44ˢ,126 | |
| | | δ Cancri | 41ᵐ 46ˢ,611 | — 0ˢ,264 | 41ᵐ 46ˢ,347 | — 2ˢ,633 | 41ᵐ 43ˢ,714 | 38ᵐ 59ˢ,510 | 44ˢ,204 | |
| | | | | | | | Cercle Est Z — | dh = | — 2ᵐ 43ˢ,640 | |
| | | | | | | | Z + | | 43ˢ,855 | |
| | | | | | | Cercle Est, moyenne à 8ʰ | | dh = | — 2ᵐ 43ˢ,748 | |
| Jeudi 23 mars 1899 | O. | β Navire | 9ʰ 14ᵐ 42ˢ,830 | + 0ˢ,708 | 9ʰ 14ᵐ 43ˢ,538 | + 14ˢ,451 | 9ʰ 14ᵐ 57ˢ,989 | 9ʰ 12ᵐ 8ˢ,288 | —2ᵐ 49ˢ,701 | N'entre pas dans dh |
| | | α Hydre | 25ᵐ 27ˢ,428 | + 0ˢ,252 | 25ᵐ 27ˢ,680 | — 0ˢ,204 | 25ᵐ 27ˢ,476 | 22ᵐ 40ˢ,018 | 47ˢ,458 | D :-. + 5ˢ,96 |
| | | θ Grande Ourse | — à six fils — | . . . | 29ᵐ 7ˢ,610 | — 8ˢ,602 | 28ᵐ 59ˢ,008 | 26ᵐ 9ˢ,280 | 49ˢ,728 | N'entre pas dans dh |
| | | o Lion | 38ᵐ 38ˢ,011 | + 0ˢ,254 | 38ᵐ 38ˢ,265 | — 2ˢ,128 | 38ᵐ 36ˢ,137 | 35ᵐ 48ˢ,362 | 47ˢ,775 | |
| | | Lune (1ᵉʳ bord) | 41ᵐ 22ˢ,920 | $a F_1$ séc $\delta$ + 0ˢ,262 | $h = h_1 + a F_1$ séc $\delta$ 9ʰ 41ᵐ 23ˢ,182 | — 2ˢ,117 | $h + S + Db$ 9ʰ 42ᵐ 23ˢ,368 | . . . . . . | . . . . . . | |
| | | μ Lion | 49ᵐ 55ˢ,972 | + 0ˢ,279 | 49ᵐ 56ˢ,251 | — 3ˢ,974 | 49ᵐ 52ˢ,277 | 47ᵐ 4ˢ,190 | 48ˢ,087 | |
| | | α Lion (Régulus) | 10ʰ 5ᵐ 51ˢ,983 | + 0ˢ,254 | 10ʰ 5ᵐ 52ˢ,237 | — 2ˢ,349 | 10ʰ 5ᵐ 49ˢ,888 | 10ʰ 3ᵐ 2ˢ,494 | 47ˢ,394 | |
| | | | | | Cercle Ouest Z, —, moyenne à 9ʰ 38ᵐ | | | | dh = | — 2ᵐ 47ˢ,676 | |

## COMPARAISON DES CHRONOMÈTRES

| DATES | CHRONOMÈTRE N° 787 | CHRONOMÈTRE N° 788 | 787-788 | OBSERVATIONS |
|---|---|---|---|---|
| **1898**<br>Mercredi 9 novembre | $11^h$ $4^m$ $00^s,00$<br>$11^h$ $4^m$ $24^s,00$ | $11^h$ $1^m$ $36^s,00$<br>$11^h$ $2^m$ $00^s,00$ | $+$ $2^m$ $24^s,00$ | Jusqu'au 8 novembre 1898 inclus, les observations se firent avec le chronomètre 733.<br>Passé le 8 novembre 1898, on employa le chronomètre 737 dont la lecture était plus facile, les minutes étant inscrites de 5 en 5, tandis qu'au 733 elles ne sont inscrites que de 10 en 10. |
| Vendredi 11 novembre | $11^h$ $32^m$ $00^s,00$<br>$11^h$ $32^m$ $28^s,50$ | $11^h$ $20^m$ $31^s,50$<br>$11^h$ $30^m$ $00^s,00$ | $+$ $2^m$ $28^s,50$ | |
| Lundi 14 novembre | $10^h$ $32^m$ $0^s,00$<br>$10^h$ $32^m$ $35^s,25$ | $10^h$ $29^m$ $24^s,75$<br>$10^h$ $30^m$ $00^s,00$ | $+$ $2^m$ $35^s,25$ | |
| Vendredi 18 novembre | $13^h$ $10^m$ $00^s,00$<br>$13^h$ $10^m$ $44^s,50$ | $13^h$ $7^m$ $15^s,50$<br>$13^h$ $8^m$ $00^s,00$ | $+$ $2^m$ $44^s,50$ | |
| Dimanche 20 novembre | $13^h$ $49^m$ $00^s,00$<br>$13^h$ $49^m$ $49^s,00$ | $13^h$ $46^m$ $11^s,00$<br>$13^h$ $47^m$ $00^s,00$ | $+$ $2^m$ $49^s,00$ | |
| Vendredi 25 novembre | $12^h$ $10^m$ $00^s,00$<br>$12^h$ $10^m$ $50^s,50$ | $12^h$ $16^m$ $00^s,50$<br>$12^h$ $17^m$ $00^s,00$ | $+$ $2^m$ $50^s,50$ | |
| Mardi 29 novembre | $13^h$ $31^m$ $00^s,00$<br>$13^h$ $32^m$ $8^s,50$ | $13^h$ $27^m$ $51^s,50$<br>$13^h$ $29^m$ $00^s,00$ | $+$ $3^m$ $8^s,50$ | |
| Vendredi 2 décembre | $12^h$ $27^m$ $00^s,00$<br>$12^h$ $28^m$ $14^s,50$ | $12^h$ $23^m$ $45^s,50$<br>$12^h$ $25^m$ $00^s,00$ | $+$ $3^m$ $14^s,50$ | |
| Lundi 12 décembre | $20^h$ $40^m$ $00^s,00$<br>$20^h$ $40^m$ $34^s,50$ | $20^h$ $36^m$ $25^s,50$<br>$20^h$ $37^m$ $00^s,00$ | $+$ $3^m$ $34^s,50$ | |
| Jeudi 15 décembre | $14^h$ $48^m$ $00^s,00$<br>$14^h$ $48^m$ $30^s,50$ | $14^h$ $44^m$ $20^s,50$<br>$14^h$ $45^m$ $00^s,00$ | $+$ $3^m$ $30^s,50$ | |
| Vendredi 16 décembre | $22^h$ $7^m$ $00^s,00$<br>$22^h$ $7^m$ $42^s,00$ | $22^h$ $3^m$ $18^s,00$<br>$22^h$ $4^m$ $00^s,00$ | $+$ $3^m$ $42^s,00$ | |
| Lundi 19 décembre | $13^h$ $42^m$ $00^s,00$<br>$13^h$ $42^m$ $47^s,00$ | $13^h$ $38^m$ $13^s,00$<br>$13^h$ $39^m$ $00^s,00$ | $+$ $3^m$ $47^s,00$ | |
| Mercredi 21 décembre | $15^h$ $7^m$ $00^s,00$<br>$15^h$ $7^m$ $50^s,50$ | $15^h$ $3^m$ $9^s,50$<br>$15^h$ $4^m$ $00^s,00$ | $+$ $3^m$ $50^s,50$ | |

## COMPARAISON DES CHRONOMÈTRES

| DATES | CHRONOMÈTRE N° 737 | CHRONOMÈTRE N° 738 | 737-738 | OBSERVATIONS |
|---|---|---|---|---|
| **1898**<br>Jeudi 22 décembre | 16h 12m 00s,00<br>16h 12m 53s,00 | 16h 8m 7s,00<br>16h 9m 00s,00 | + 3m 53s,00 | |
| Samedi 24 décembre | 15h 38m 00s,00<br>15h 38m 56s,50 | 15h 34m 8s,50<br>15h 35m 00s,00 | + 3m 56s,50 | |
| Mardi 27 décembre | 20h 40m 00s,00<br>20h 41m 2s,50 | 20h 35m 57s,50<br>20h 37m 00m00 | + 4m 2s,50 | |
| Vendredi 30 décembre | 20h 57m 00s,00<br>20h 57m 8s,00 | 20h 52m 52s,00<br>20h 53m 00s,00 | + 4m 8s,00 | |
| **1899**<br>Lundi 2 janvier | 15h 21m 00s,00<br>15h 21m 13s,00 | 15h 16m 47s,00<br>15h 17m 00s,00 | + 4m 13s,00 | |
| Jeudi 5 janvier | 15h 4m 00s,00<br>15h 4m 18s,50 | 14h 50m 41s,50<br>15h 00m 00s,00 | + 4m 18s,50 | |
| Samedi 7 janvier | 13h 49m 22s,00<br>13h 50m 00s,00 | 13h 45m 00s,00<br>13h 45m 38s,00 | + 4m 22s,00 | |
| Lundi 9 janvier | 13h 11m 00s,00<br>13h 11m 24s,50 | 13h 6m 35s,50<br>13h 7m 00s,00 | + 4m 24s,50 | Le dimanche 8 janvier 1899, départ de M'pwéto par terre pour le sud du lac Moéro. |
| Mercredi 11 janvier | 21h 42m 00s,00<br>21h 42m 20s,00 | 21h 37m 31s,00<br>21h 38m 00s,00 | + 4m 20s,00 | |
| Jeudi 12 janvier | 23h 00m 00s,00<br>23h 00m 31s,00 | 22h 55m 20s,00<br>22h 56m 00s,00 | + 4m 31s,00 | |
| Vendredi 13 janvier | 23h 47m 34s,50<br>23h 48m 00s,00 | 23h 43m 00s,00<br>23h 43m 25s,50 | + 4m 34s,50 | |
| Samedi 14 janvier | 23h 48m 00s,00<br>23h 48m 37s,50 | 23h 43m 22s,50<br>23h 44m 00s,00 | + 4m 37s,50 | |
| Dimanche 15 janvier | 00h 15m 40s,50<br>00h 16m 00s,00 | 00h 11m 00s,00<br>00h 11m 19s,50 | + 4m 40s,50 | |

## COMPARAISON DES CHRONOMÈTRES

| DATES | CHRONOMÈTRE N° 737 | CHRONOMÈTRE N° 738 | 737-738 | OBSERVATIONS |
|---|---|---|---|---|
| **1899**<br>Lundi 16 janvier | 23h 53m 42s,00<br>23h 54m 00s,00 | 23h 49m 00s,00<br>23h 49m 18s,00 | + 4m 42s,00 | |
| Mardi 17 janvier | 00h 41m 00s,00<br>00h 41m 44s,00 | 00h 36m 16s,00<br>00h 37m 00s,00 | + 4m 44s,00 | |
| Jeudi 19 janvier | 1h 00m 00s,00<br>1h 00m 45s,50 | 00h 55m 14s,50<br>00h 55m 00s,00 | + 4m 45s,50 | Le jeudi 19 janvier, arrivée au village Ka-Béça (chef Ki-Lomba), sud du lac Moéro. |
| Vendredi 20 janvier | 0h 30m 00s,00<br>00h 30m 46s,50 | 00h 25m 13s,50<br>00h 26m · 00s,00 | + 4m 46s,50 | |
| Samedi 21 janvier | 00h 46m 48s,00<br>00h 47m 00s,00 | 00h 42m 00s,00<br>00h 42m 12s,00 | + 4m 48s,00 | |
| Lundi 23 janvier | 00h 22m 00s,00<br>00h 22m 50s,50 | 00h 17m 9s,50<br>00h 18m 00s,00 | + 4m 50s,50 | |
| Jeudi 2 février | 3h 12m 00s,00<br>3h 13m 2s,00 | 3h 6m 58s,00<br>3h 8m 00s,00 | + 5m 2s,00 | |
| Dimanche 5 février | 2h 1m 8s,00<br>2h 2m 00s,00 | 1h 56m 00s,00<br>1h 56m 54s,00 | + 5m 6s,00 | |
| Lundi 6 février | 2h 3m 00s,00<br>2h 4m 7s,50 | 1h 57m 52s,50<br>1h 59m 00s,00 | + 5m 7s,50 | |
| Mardi 7 février | 1h 26m 00s,00<br>1h 26m 8s,00 | 1h 20m 52s,00<br>1h 21m 00s,00 | + 5m 8s,00 | Le lundi 7 février 1899, départ de Ka-Béça-village pour Lofoi. |
| Mercredi 8 février | 1h 48m 00s,00<br>1h 48m 9s,00 | 1h 42m 51s,00<br>1h 43m 00s,00 | + 5m 9s,00 | |
| Jeudi 9 février | 1h 40m 00s,00<br>1h 40m 10s,50 | 1h 34m 49s,50<br>1h 35m 00s,00 | + 5m 10s,50 | |
| Dimanche 12 février | 3h 14m 00s,00<br>3h 14m 12s,50 | 3h 8m 47s,50<br>3h 9m 00s,00 | + 5m 12s,50 | |

## COMPARAISON DES CHRONOMÈTRES

| DATES | CHRONOMÈTRE Nº 787 | | | CHRONOMÈTRE Nº 788 | | | 787-788 | OBSERVATIONS |
|---|---|---|---|---|---|---|---|---|
| **1899** | | | | | | | | |
| Lundi 13 février | $2^h$ | $36^m$ | $14^s,00$ | $2^h$ | $31^m$ | $00^s,00$ | $+ 5^m\ 14^s,00$ | |
| | $2^h$ | $37^m$ | $00^s,00$ | $2^h$ | $31^m$ | $46^s,00$ | | |
| Mardi 14 février | $2^h$ | $57^m$ | $00^s,00$ | $2^h$ | $51^m$ | $45^s,00$ | $+ 5^m\ 15^s,00$ | |
| | $2^h$ | $57^m$ | $15^s,00$ | $2^h$ | $52^m$ | $00^s,00$ | | |
| Mercredi 15 février | $1^h$ | $37^m$ | $16^s,50$ | $1^h$ | $32^m$ | $00^s,00$ | $+ 5^m\ 16^s,50$ | |
| | $1^h$ | $38^m$ | $00^s,00$ | $1^h$ | $32^m$ | $43^s,50$ | | |
| Vendredi 17 février | $3^h$ | $58^m$ | $00^s,00$ | $3^h$ | $52^m$ | $42^s,50$ | $+ 5^m\ 17^s,50$ | Le lundi 20 février, arrivée à la station de Lofoï. |
| | $3^h$ | $58^m$ | $17^s,50$ | $3^h$ | $53^m$ | $00^s,00$ | | |
| Samedi 25 février | $4^h$ | $00^m$ | $00^s,00$ | $3^h$ | $54^m$ | $32^s,50$ | $+ 5^m\ 27^s,50$ | |
| | $4^h$ | $00^m$ | $27^s,50$ | $3^h$ | $55^m$ | $00^s,00$ | | |
| Lundi 27 février | $3^h$ | $7^m$ | $28^s,50$ | $3^h$ | $2^m$ | $00^s,00$ | $+ 5^m\ 28^s,50$ | |
| | $3^h$ | $8^m$ | $00^s,00$ | $3^h$ | $2^m$ | $31^s,50$ | | |
| Mardi 28 février | $3^h$ | $18^m$ | $29^s,50$ | $3^h$ | $13^m$ | $00^s,00$ | $+ 5^m\ 20^s,50$ | |
| | $3^h$ | $19^m$ | $00^s,00$ | $3^h$ | $13^m$ | $30^s,50$ | | |
| Jeudi 2 mars | $3^h$ | $20^m$ | $00^s,00$ | $3^h$ | $14^m$ | $28^s,00$ | $+ 5^m\ 32^s,00$ | |
| | $3^h$ | $20^m$ | $32^s,00$ | $3^h$ | $15^m$ | $00^s,00$ | | |
| Samedi 4 mars | $4^h$ | $38^m$ | $34^s,50$ | $4^h$ | $33^m$ | $00^s,00$ | $+ 5^m\ 34^s,50$ | |
| | $4^h$ | $39^m$ | $00^s,00$ | $4^h$ | $33^m$ | $25^s,50$ | | |
| Samedi 18 mars | $3^h$ | $55^m$ | $00^s,00$ | $3^h$ | $49^m$ | $4^s,00$ | $+ 5^m\ 56^s,00$ | |
| | $3^h$ | $55^m$ | $56^s,00$ | $3^h$ | $50^m$ | $00^s,00$ | | |
| Vendredi 24 mars | $4^h$ | $32^m$ | $00^s,00$ | $4^h$ | $25^m$ | $53^s,50$ | $+ 6^m\ 6^s,25$ | |
| | $4^h$ | $33^m$ | $0^s,00$ | $4^h$ | $27^m$ | $00^s,00$ | | |

# Calcul des Longitudes.

# CALCUL DES LONGITUDES



Chronomètre 737 : A M'pwéto, le 24 novembre 1898, à $0^h$ $3^m$ :　　dh $= +$ $4^m$ $23^s,256$
　　　Id.,　　le 1$^{er}$ décembre 1898, à $0^h$ $34^m$ :　　dh $= +$ $4^m$ $18^s,490$

　　　　　Variation en $168^h,5$　:　　　　　$-$　　$4^s,766$
　　　　　Variation en　$1^h$　　:　　　　　$-$　　$0^s,028285$


A Ka-Béça, le 25 janvier　1899, à $6^h$　　:　　dh $= +$ $1^m$ $25^s,937$
　　　Id.,　　le 1$^{er}$ février　1899, à $6^h$　　:　　dh $= +$ $1^m$ $21^s,620$

　　　　　Variation en $7 \times 24^h$ :　　　　$-$　$4^s,317$
　　　　　Variation en $1^h$　　　:　　　　$-$　$0^s,025696$

　　　**Moyenne des variations en $1^h$ :**　　　　$-$ $0^s,026990$.


Chronomètre 733 : A M'pwéto, le 24 novembre 1898, à $0^h$　$3^m$ :　　dh $= +$ $7^m$ $19^s,006$
　　　Id.,　　le 1$^{er}$ décembre 1898, à $0^h$ $34^m$ :　　dh $= +$ $7^m$ $29^s,990$

　　　　　Variation en $168^h,5^m$ :　　　　$+$ $10^s,384$
　　　　　Variation en $1^h$　　　:　　　　$+$　$0^s,061626$


A Ka-Béça, le 25 janvier　1899, à $6^h$　　:　　dh $= +$ $6^m$ $18^s,973$
　　　Id.,　　le 1$^{er}$ février　1899, à $6^h$　　:　　dh $= +$ $6^m$ $22^s,636$

　　　　　Variation en $168^h$　:　　　　$+$ $3^s,663$
　　　　　Variation en $1^h$　　:　　　　$+$ $0^s,021809$

　　　**Moyenne des variations en $1^h$ :**　　　　$+$ $0^s,041718$.

## CALCUL DES LONGITUDES

### ———— Station à la rivière Mo-Lombé ————

#### (Ancien village Ka-Loulwa)

**Mardi 10 janvier 1899.**

Chronomètre 787 : dh à M'pwéto,   le 1er décembre 1898, à 0h 34m :    + 4m 18s,490
Variation jusqu'au 10 janvier    1899, à 3h 36m :    —    26s,26

dh à M'pwéto,   le 10 janvier    1899, à 3h 36m :    + 3m 52s,23
dh à la rivière Mo-Lombé, le 10 janvier 1899 :    + 2m 34s,80

Différence de longitude :    — 1m 17s,43

Chronomètre 733 : dh à M'pwéto,   le 1er décembre 1898, à 0h 34m :    + 7m 29s,900
Variation jusqu'au 10 janvier    1899, à 3h 36m :    +    41s,18

dh à M'pwéto,   le 10 janvier    1899, à 3h 36m .    + 8m 11s,17
dh à la rivière Mo-Lombé,     id.    :    + 7m 2s,05

Différence de longitude :    — 1m 9s,12

Moyenne des deux chronomètres :    — 1m 13s,28 == — 18' 10",20
Longitude de M'pwéto    :    28° 52' 55",54

Longitude de la rivière Mo-Lombé    :    28° 34' 36",34
Correction due aux observations de Ka-Béça    :    +    35",28

**Longitude définitive du camp de la Mo-Lombé : 28° 35' 11",62 Est Greenwich.**

### ———— Station au village Mo-Banga ————

**Samedi 14 janvier 1899.**

Chronomètre 737 : dh à M'pwéto,    le 1er décembre 1898, à 0h 34m :    + 4m 18s,490
Variation jusqu'au    14 janvier    1899, à 3h 13m :    —    29s,230

dh à M'pwéto,   le 14 janvier    1899, à 3h 13m :    + 3m 49s,26
dh à Mo-Banga,     id.,    :    + 1m 38s,18

Différence de longitude :    — 2m 11s,08

Chronomètre 733 : dh à M'pwéto,    le 1er décembre 1898, à 0h 34m :    + 7m 29s,99
Variation jusqu'au    14 janvier    1899, à 3h 13m :    +    45s,06

dh à M'pwéto,   le 14 janvier    1899, à 3h 13m :    + 8m 15s,05
dh à Mo-Banga,     id.,    :    + 6m 16s,10

Différence de longitude :    — 1m 58s,95

Moyenne des deux chronomètres    :    — 2m 5s,01 == — 31' 15",15
Longitude de M'pwéto    :    28° 52' 55",54

Longitude de Mo-Banga-village    :    28° 21' 40",39
Correction due aux observations de Ka-Béça    :    +    35",28

**Longitude définitive de Mo-Banga    : 28° 22' 15",67 Est Greenwich.**

# CALCUL DES LONGITUDES
## — Station au camp de Mo-Linga —

**Mardi 17 janvier 1899.**

Chronomètre 737 : dh à M'pwéto,     le 1ᵉʳ décembre 1898, à 0ʰ 34ᵐ :     $+ \ 4^{m} \ 18^{s},400$
Variation jusqu'au   17 janvier    1899, à 5ʰ 10ᵐ :     $- \ 31^{s},230$

dh à M'pwéto,     le 17 janvier    1899, à 5ʰ 10ᵐ :     $+ \ 3^{m} \ 47^{s},26$
dh à Mo-Linga,      id.,          id.      :     $+ \ 1^{m} \ 44^{s},84$

            Différence de longitude :     $- \ 2^{m} \ 2^{s},42$

Chronomètre 733 : dh à M'pwéto,     le 1ᵉʳ décembre 1898, à 0ʰ 34ᵐ :     $+ \ 7^{m} \ 29^{s},99$
Variation jusqu'au   17 janvier    1899, à 5ʰ 10ᵐ :     $+ \ 48^{s},06$

dh à M'pwéto,     le 17 janvier    1899, à 5ʰ 10ᵐ :     $+ \ 8^{m} \ 18^{s},05$
dh à Mo-Linga,      id.,          id.      :     $+ \ 6^{m} \ 28^{s},84$

            Différence de longitude :     $- \ 1^{m} \ 49^{s},21$

Moyenne des deux chronomètres :    $- \ 1^{m} \ 55^{s},82$ : $= \ - \ 28' \ 57'',30$
      Longitude de M'pwéto               : $= 28° 52' 55'',54$

Longitude de Mo-Linga                 :    $28° 23' 58'',24$
Correction due aux observations de Ka-Béça    :    $+ \ 35'',28$

**Longitude définitive de Mo-Linga**       :    **$28° 24' 33'',52$ Est Greenwich.**

---

## — Station au village Ka-Béça (chef Ki-Lomba) —
### (Sud du lac Moéro)

**Vendredi 20 janvier 1899.** — Cercle Est. dh $= \ + 1^{m} \ 31^{s},985$, moyenne de $\alpha$ Taureau, $\pi^{1}$ Orion, $\beta$ Orion et $\gamma$ Orion.

Ascension droite centre Lune, au méridien de 22ʰ :    $3^{h} \ 22^{m} \ 40^{s},35$
           Correction de Newcomb :    $- \ 1^{s},61$

           AR corrigée :    $3^{h} \ 22^{m} \ 38^{s},740$
           AR observée :    $3^{h} \ 23^{m} \ 13^{s},694$

           Différence :    $34^{s},954$

Variation en AR, pour 1ᵐ de longitude, au méridien de 22ʰ :   $+ \ 2^{s},2564$
     Id.,              id.          23ʰ :   $+ \ 2^{s},2578$

        Différence seconde :   $+ \ 0^{s},0014$

Le méridien cherché étant fort près de celui de 22ʰ 10ᵐ, nous aurons, comme méridien moyen, le méridien de 22ʰ 8ᵐ pour lequel la variation en AR, pour 1ᵐ de longitude, sera

$$+ \ 2^{s},2564 + \frac{0,0014 \times 8}{60} = \ + \ 2^{s},2566.$$

Longitude cherchée : $22^{h} + 1^{m} \times \dfrac{34,954}{2,2566} = 22^{h} \ 15^{m},4897$ Ouest de Paris;

ou bien $1^{h} \ 44^{m},5103 = 1^{h} \ 44^{m} \ 30^{s},618$ Est de Paris.

Et, en degrés      :    **$26° \ 7' 39'',27$ Est de Paris.**
Paris-Greenwich : $+ \ 2° \ 20' \ 14'',40$.

       **$28° 27' 53'',67$ Est de Greenwich.**

# CALCUL DES LONGITUDES
## —— Station au village Ka-Béça (chef Ki-Lomba) ——
### (Sud du lac Moéro)

**Samedi 21 janvier 1899**. — Cercle Est. dh $= +$ $1^m$ $30^s,27$ pris à ε Taureau, sans corriger la déviation.

Heure de passage du centre Lune $=$ h $+$ S : $\quad 4^h$ $16^m$ $13^s,356$

Ascension droite centre Lune, au méridien de $22^h$ : $\quad 4^h$ $17^m$ $0^s,180$

Correction de Newcomb : $\quad - 1^s,620$

$\mathcal{R}$ corrigée : $\quad 4^h$ $17^m$ $7^s,560$

$.\mathcal{R}$ observée : $\quad 4^h$ $17^m$ $43^s,626$

Différence : $\quad 36^s,066$

Variation de $\mathcal{R}$, pour $1^m$ de longitude, au méridien de $22^h$ : $\quad + 2^s,2797$

Id., $\qquad\qquad$ id. $\quad 23^h$ : $\quad 2^s,2801$

Différence seconde : $\quad + 0^s,0004$

Interpolation pour la variation : $\dfrac{+\ 0^s,0004 \times 8}{60} = + 0^s,000053$

Variation de $\mathcal{R}$, pour $1^m$ de longitude, au méridien intermédiaire de $22^h$ $8^m = 2^s,2797 + 0^s,000053 = + 2^s,2798$.

Longitude cherchée : $22^h + 1^m \times \dfrac{36,066}{2,2798} = 22^h$ $15^m,8198$ Ouest de Paris;

ou bien $1^h$ $44^m,1802$ Est de Paris $= 1^h$ $44^m$ $10^s,812$ Est de Paris.

Et, en degrés : $\quad$ **26° 2′ 42″,18 Est de Paris.**

Paris-Greenwich : $+$ $2^n$ $20′$ $14″,40$

**28° 22′ 56″,58 Est de Greenwich.**

**Lundi 23 janvier 1899**. — Cercle Est. dh $= +$ $1^m$ $29^s,890$, moyenne de α Taureau, τ Taureau, β Taureau.

Ascension droite centre Lune, au méridien de $22^h$ : $\quad 0^h$ $5^m$ $59^s,54$

Correction de Newcomb : $\quad - 1^s,50$

$.\mathcal{R}$ corrigée : $\quad 0^h$ $5^m$ $57^s,950$

$.\mathcal{R}$ observée : $\quad 0^h$ $6^m$ $33^s,001$

Différence : $\quad 35^s,051$

Variation de $\mathcal{R}$, pour $1^m$ de longitude, au méridien de $22^h$ : $\quad + 2^s,2324$

Id., $\qquad\qquad$ id. $\quad 23^h$ : $\quad + 2^s,2300$

Différence seconde : $\quad - 0^s,0024$

Variation de $\mathcal{R}$, pour $1^m$ de longitude, au méridien moyen de $22^h$ $8^m = + 2^s,3324 - \dfrac{0^s,0024 \times 8}{60} = + 2^s,2324 - 0^s,0003 = + 2^s,2321$.

Longitude cherchée : $22^h + 1^m \times \dfrac{35,951}{2,2321} = 22^h$ $16^m,1063$ Ouest de Paris;

ou bien $1^h$ $43^m,8937$ Est de Paris $= 1^h$ $43^m$ $53^s,022$ Est de Paris.

Et, en degrés : $\quad$ **25° 58′ 24″,33 Est de Paris.**

Paris-Greenwich : $\quad 2^n$ $20′$ $14″,40$.

**28° 18′ 38″,73 Est de Greenwich.**

## CALCUL DES LONGITUDES

—————— **Station au village Ka-Béça (chef Ki-Lomba)** ——————

(Sud du lac Moëro)

**Mercredi 25 janvier 1899.** — Cercle Ouest, dh $= + 1^{m} 25^{s},048$ moyenne de $\eta$, $\gamma$, $\delta$, $\iota$, $\alpha^2$ Gémeaux.

$$\begin{aligned}
&\text{Ascension droite centre Lune, au méridien de } 22^{h}: && 7^{h}\ 49^{m}\ 43^{s},75 \\
&\text{Correction de Newcomb}: && -\qquad 1^{s},49 \\
\hline
&\mathcal{R}\text{ corrigée}: && 7^{h}\ 49^{m}\ 42^{s},260 \\
&\mathcal{R}\text{ observée}: && 7^{h}\ 50^{m}\ 15^{s},828 \\
\hline
&\text{Différence}: && 33^{s},568
\end{aligned}$$

$$\begin{aligned}
&\text{Variation de } \mathcal{R}\text{, pour } 1^{m}\text{ de longitude, au méridien de } 22^{h}: && +\quad 2^{s},0806 \\
&\text{Id.,} \qquad\qquad\qquad\qquad\quad \text{id.} \qquad 23^{h}: && +\quad 2^{s},0771 \\
\hline
&\text{Différence seconde}: && -\quad 0^{s},0035
\end{aligned}$$

Variation de $\mathcal{R}$, pour $1^{m}$ de longitude, au méridien moyen de $22^{h}\ 8^{m}$ $= + 2^{s},0806 - \dfrac{0^{s},0035 \times 8}{60} = + 2^{s},0806 - 0,0005 = + 2^{s},0801$

Longitude cherchée : $22^{h} + 1^{m} \times \dfrac{33,568}{2,0801} = 22^{h} + 16^{m},1377$ à l'Ouest de Paris;

ou bien $1^{h}\ 43^{m},8623$ Est de Paris $= 1^{h}\ 43^{m}\ 51^{s},738$ Est de Paris.

Et, en degrés : **25° 57′ 56″,07 Est de Paris.**

Paris-Greenwich : 2° 20′ 14″,40

**28° 18′ 10″,47 Est de Greenwich.**

—————— **Longitude définitive de Ka-Béça (chef Ki-Lomba)** ——————

Nous avons trouvé : le vendredi 20 janvier 1899 : 28° 27′ 53″,67 Est de Greenwich.

samedi 21 id. 28° 22′ 50″,58 id.

lundi 23 id. 28° 18′ 38″,73 id.

mercredi 25 id. 28° 18′ 10″,47 id.

**Moyenne :** **28° 21′ 54″,86 Est de Greenwich.**

(Par les culminations lunaires)

Erreur moyenne : $\pm$ 2′ 15″,82.

# CALCUL DES LONGITUDES

**———— Longitude de Ka-Béça par le transport de l'Heure ————**

**Mercredi 25 janvier 1899.**

Chronomètre 737 : dh à M'pwéto, le 1ᵉʳ décembre 1898, à 0ʰ 34ᵐ :  $+ 4^m 18^s,490$
Variation jusqu'au 25 janvier  1899, à 6ʰ :  $- 36^s,424$

dh à M'pwéto, le 25 janvier  1890, à 6ʰ :  $+ 3^m 42^s,066$
dh à Ka-Béça, le 25 janvier  1899, à 0ʰ :  $+ 3^m 25^s,937$

Différence de longitude :  $- 2^m 16^s,129$

Chronomètre 733 : dh à M'pwéto, le 1ᵉʳ décembre 1898, à 0ʰ 34ᵐ :  $+ 7^m 29^s,990$
Variation jusqu'au 25 janvier  1890, à 6ʰ :  $+ 50^s,300$

dh à M'pwéto, le 25 janvier  1898, à 6ʰ :  $+ 8^m 20^s,290$
dh à Ka-Béça,  id.  à 6ʰ :  $+ 6^m 19^s,737$

Différence de longitude :  $- 2^m 0^s,553$

Moyenne des deux chronomètres : $- 2^m 11^s,341$ :  $- 32' 50'',11$
Longitude de M'pwéto :  $28° 52' 55'',54$

**Longitude de Ka-Béça :  $28° 20' 5'',43$  Est Greenwich.**

Pour les culminations lunaires, nous avons obtenu :  $28° 21' 54'',86$
Par le transport de l'Heure :  $28° 20' 5'',43$

Donnons un poids 2 à la culmination lunaire, un poids 1 au transport
de l'Heure, et nous aurons :  **Longitude définitive de Ka-Béça :  $28° 21' 16'',00$  Est Greenwich.**

## Remarque.

Le transport de l'Heure a donné : longitude de Ka-Béça :  $28° 20' 5'',43$
Nous avons trouvé pour longitude définitive de Ka-Béça :  $28° 21' 16'',00$

Différence :  $+ 1' 10'',57$

Nous corrigerons donc les longitudes depuis M'pwéto, de la moitié de cette différence, soit correction $= + 35'',28$.

# CALCUL DES LONGITUDES



——————— Éléments du calcul des longitudes entre Ka-Béça Village et Lofoï-Station ———————

Chronomètre 737 : dh à Ka-Béça, le 25 janvier 1890, à 6$^h$ :    + 1$^m$ 25$^s$,937

          dh    id.,    le 1$^{er}$ février 1899, à 6$^h$ :    + 1$^m$ 21$^s$,620

                                Variation en 168$^h$ :    —    4$^s$,317

                                Variation en 1$^h$ :    —    0$^s$,025696

          dh à Lofoï,    le 3 mars 1899, à 8$^h$ :    — 2$^m$ 29$^s$,250

          dh    id.,    le 20 mars 1899, à 8$^h$ :    — 2$^m$ 44$^s$,016

                                Variation en 408$^h$ :    —    14$^s$,766

                                Variation en 1$^h$ :    —    0$^s$,036191

                 **Moyenne des variations en 1$^h$ :**    —    **0$^s$,0309435**

Chronomètre 733 : dh à Ka-Béça, le 25 janvier 1890, à 6$^h$ :    + 6$^m$ 18$^s$,973

          dh    id.,    le 1$^{er}$ février 1899, à 6$^h$ :    + 6$^m$ 22$^s$,636

                                Variation en 168$^h$ :    +    3$^s$,663

                                Variation en 1$^h$ :    +    0$^s$,021809

          dh à Lofoï,    le 3 mars 1890, à 8$^h$ :    + 3$^m$ 4$^s$,200

          dh    id.,    le 20 mars 1899, à 8$^h$ :    + 3$^m$ 15$^s$,672

                                Variation en 408$^h$ :    +    11$^s$,472

                                Variation en 1$^h$ :    +    0$^s$,028118

                 **Moyenne des variations en 1$^h$ :**    +    **0$^s$,0249635**

———————

——————— **Station à la rivière Ka-Toula** ———————

**Mercredi 8 février 1899.**

      L'observation, au campement de la Ka-Toula, n'a pu se faire — par suite du mauvais temps — que dans la position Cercle Est, Z —.

Elle a fourni, par le chronomètre 737 :

dh à la Ka-Toula, le 8 février 1899, à 4$^h$ 22$^m$, Cercle Est, Z — :    + 0$^m$ 58$^s$,22

             Variation de dh jusqu'au 9 février, à 5$^h$ 35$^m$ :    —    0$^s$,70

dh à la Ka-Toula, le 9 février 1890, à 5$^h$ 35$^m$, Cercle Est, Z — :    + 0$^m$ 57$^s$,52

dh au village Wamôla, le 9 février 1899, à 5$^h$ 35$^m$, Cercle Est, Z — :    + 1$^m$ 4$^s$,56

            Différence    :    +    6$^s$,44

      C'est-à-dire que le point de station de la Ka-Toula est à 6$^s$,44 ou 1' 36",00 à l'ouest du point de station du village Wamôla.

Longitude Wamôla    :    28° 13' 11",34

                         — 1' 36",00

**Longitude du camp de la Ka-Toula :**    **28° 11' 34",74**    **Est Greenwich.**

# CALCUL DES LONGITUDES

###### —— Station au village Wamôla ——

(Rive droite de la rivière Ka-Tofia)

**Jeudi 9 février 1899.**

Chronomètre 737 : dh à Ka-Béça,  le 1er février   1899, à 6h   :   + 1m 21s,620
Variation jusqu'au  9 février   1899, à 5h 35m :   —    5s,926

dh à Ka-Béça, ' le 9 février   1899, à 5h 35m :   + 1m 15s,694
dh à Wamôla,  le 9 février   1899, à 5h 35m :   + 0m 49s,380

Différence de longitude :   +    26s,314

Chronomètre 733 : dh à Ka-Béça,  le 1er février   1899, à 0h   :   + 6m 22s,636
Variation jusqu'au  9 février   1899, à 5h 35m :   +    4s,740

dh à Ka-Béça,  le 9 février   1899, à 5h 35m :   + 6m 27s,376
dh à Wamôla,  le 9 février   1899, à 5h 35m :   + 6m  0s,130

Différence de longitude :   +    27s,246

Moyenne des deux chronomètres : — 26s,78 :   —  6' 41",70
Longitude de Ka-Béça :   28° 21' 16",00

Longitude de Wamôla :   28° 14' 34",30
Correction due aux observations de Lofoï :   —   1' 22",96

**Longitude définitive de Wamôla :   28° 13' 11",34 Est Greenwich.**

###### —— Station au village Pa-Windé ——

(Rive gauche de la Lou-Alala)

**Lundi 13 février 1899.**

Chronomètre 737 : dh à Ka-Béça,  le 1er février   1899, à 0h   :   + 1m 21s,620
Variation jusqu'au  13 février   1899, à 0h   :   —    8s,912

dh à Ka-Béça,  le 13 février   1899, à 0h   :   + 1m 12s,708
dh à Pa-Windé, le 13 février   1899, à 0h   :   + 0m 37s,360

Différence de longitude :   — 0m 35s,348

Chronomètre 733 : dh à Ka-Béça,  le 1er février   1899, à 0h   :   + 6m 22s,036
Variation jusqu'au  13 février   1899, à 0h   :   +    7s,189

dh à Ka-Béça,  le 13 février   1899, à 0h   :   + 6m 29s,825
dh à Pa-Windé, le 13 février   1899, à 0h   :   + 5m 51s,510

Différence de longitude :   —    38s,315

Moyenne des deux chronomètres : — 36s,831 :   — 0" 9' 12",46
Longitude de Ka-Béça :   28° 21' 16",00

Longitude de Pa-Windé :   28° 12' 3",54
Correction due aux observations de Lofoï :   —   1' 22",96

**Longitude définitive de Pa-Windé :   28° 10' 40",58 Est Greenwich.**

# CALCUL DES LONGITUDES

## ——————— Camp de la rivière N'toungwé ———————

**Mardi 14 février 1899.**

Chronomètre 737 : dh à Ka-Béça,  le 1ᵉʳ février 1899, à 6ʰ  :  $+$ 1ᵐ 21ˢ,620
    Variation jusqu'au  14  id.  à 7ʰ 14ᵐ :  $-$  9ˢ,693
    dh à Ka-Béça,  le 14  id.  à 7ʰ 14ᵐ :  $+$ 1ᵐ 11ˢ,927
    dh à la N'toungwé,  id.  à id.  :  $+$ 0ᵐ 14ˢ,230
        Différence de longitude :  $-$  57ˢ,697

Chronomètre 733 : dh à Ka-Béça,  le 1ᵉʳ février 1899, à 6ʰ  :  $+$ 6ᵐ 22ˢ,636
    Variation jusqu'au  14  id.  à 7ʰ 14ᵐ :  $+$  7ˢ,820
    dh à Ka-Béça,  le 14  id.  à id.  :  $+$ 6ᵐ 30ˢ,456
    dh à la N'toungwé,  id.  à id.  :  $+$ 5ᵐ 20ˢ,510
        Différence de longitude :  $-$ 1ᵐ 0ˢ,046

Moyenne des deux chronomètres : $-$ 59ˢ,322  : $-$ 0° 14' 40",83
Longitude de Ka-Béça  : 28° 21' 10",00

Longitude de la N'toungwé  : 28° 0' 26",17
Correction due aux observations de Lofoï  : $-$ 1' 22",96

**Longitude définitive de la N'toungwé : 28° 5' 3",21 Est Greenwich.**

---

## ——————— Camp de la rivière Ka-Boula-M'pakati ———————

**Mercredi 15 février 1899.**

Chronomètre 737 : dh à Ka-Béça,  le 1ᵉʳ février 1899, à 6ʰ  :  $+$ 1ᵐ 21ˢ,620
    Variation jusqu'au  15  id.  à 6ʰ  :  $-$  10ˢ,307
    dh à Ka-Béça,  le 15  id.  à 6ʰ  :  $+$ 1ᵐ 11ˢ,223
    dh à la Ka-Boula-M'pakati,  id.  à 6ʰ  :  $-$ 0ᵐ 12ˢ,600
        Différence de longitude :  $-$ 1ᵐ 23ˢ,823

Chronomètre 733 : dh à Ka-Béça,  le 1ᵉʳ février 1899, à 6ʰ  :  $+$ 6ᵐ 22ˢ,636
    Variation jusqu'au  15  id.  à 6ʰ  :  $+$  8ˢ,388
    dh à Ka-Béça,  le 15  id.  à 6ʰ  :  $+$ 6ᵐ 31ˢ,024
    dh à la Ka-Boula-M'pakati, le 15 février, à 6ʰ  :  $+$ 5ᵐ 4ˢ,180
        Différence de longitude :  $-$ 1ᵐ 26ˢ,844

Moyenne des deux chronomètres : $-$ 1ᵐ 25ˢ,333 : $-$ 0° 21' 23",20
Longitude de Ka-Béça  : 28° 21' 10",00

Longitude de la Ka-Boula-M'pakati  : 27° 50' 52",80
Correction due aux observations de Lofoï  : $-$ 1' 22",96

**Longitude définitive de la Ka-Boula-M'pakati : 27° 58' 29",84 Est Greenwich.**

# CALCUL DES LONGITUDES

## ———— Station à Lofoï-Station ————

**Mercredi 22 février 1899**. — Cercle Est. dh = — 2^m 25^s,081 par ô Gémeaux, 63 Gémeaux, β Ecrevisse.

Ascension droite centre Lune, au méridien de 22^h : 8^h 22^m 3^s,05

Correction de Newcomb : — 1^s,45

Æ corrigée : 8^h 22^m 1^s,600

Æ observée : 8^h 22^m 42^s,635

Différence : 41^s,035

Variation en Æ, pour 1^m de longitude, au méridien de 22^h : + 2^s,0272

Id., id., id. 23^h : + 2^s,0242

Différence seconde : — 0^s,0030

Variation en Æ, pour 1^m de longitude, au méridien de 22^h 10^m (méridien moyen approximatif entre le méridien de 22^h et le méridien de Lofoï-Station) :

$$= + 2^s,0272 - \frac{0^m,0030 \times 10}{60} = + 2^s,0272 - 0^s,0005 = + 2^s,0267.$$

Longitude cherchée : $22^h + 1^m \times \frac{41,035}{2,0267} = 22^h\ 20^m,2477$ Ouest de Paris;

ou bien 1^h 39^m,7523 Est de Paris = 1^h 39^m 45^s,14 Est de Paris.

Et, en degrés : **24° 56′ 17″,10 Est de Paris.**

Paris-Greenwich : + 2° 20′ 14″,40

**27° 16′ 31″,50 Est de Greenwich.**

---

**Samedi 4 mars 1899**. — Cercle Est. dh = — 2^m 28^s,903 par σ, α et τ Scorpion.

Ascension droite centre Lune, au méridien de 22^h : 10^h 50^m 40^s,42

Correction de Newcomb : — 1^s,92

Æ corrigée : 10^h 50^m 38^s,500

Æ observée : 16^h 51^m 30^s,055

Différence : 51^s,555

Variation en Æ, pour 1^m de longitude, au méridien de 22^h : + 2^s,0245

Id., id., id. 23^h : + 2^s,0280

Différence seconde : + 0^s,0035

Variation en Æ, pour 1^m de longitude, au méridien de 22^h 10^m $= + 2^s,0245 + \frac{0^s,0035 \times 10}{60} = + 2^s,0245 + 0^s,0006 = + 2^s,0251.$

Longitude cherchée : $22^h + 1^m \times \frac{51,555}{2,0251} = 22^h\ 10^m,6303$ Ouest de Paris;

ou bien 1^h 40^m,5607 Est de Paris = 1^h 40^m 21^s,642 Est de Paris.

Et, en degrés : **25° 5′ 24″,66 Est de Paris.**

Paris-Greenwich : + 2° 20′ 14″,40

**27° 25′ 39″,06 Est de Greenwich.**

# CALCUL DES LONGITUDES

#### ———— Station à Lofoï-Station ————

**Dimanche 19 mars 1899.** — Cercle Est. dh = — $2^m$ $41^s,672$ par $\gamma$, $\alpha^2$ et $\beta$ Gémeaux.

Ascension droite centre Lune, au méridien de $22^h$ :    $6^h$ $20^m$ $57^s,04$
Correction de Newcomb : —      $1^s,58$

AR corrigée :   $6^h$ $20^m$ $55^s,460$
AR observée :   $6^h$ $21^m$ $39^s,609$

Différence :     $44^s,149$

Variation en AR, pour $1^m$ de longitude, au méridien de $22^h$ : +   $2^s,2266$
Id.,        id.,       id.     $23^h$ : +   $2^s,2232$

Différence seconde : —   $0^s,0034$

Variation en AR, pour $1^m$ de longitude, au méridien de $22^h$ $10^m = + 2^s,2266 - \dfrac{0^s,0034 \times 10}{60} = 2^s,2266 - 0^s,0006 = 2^s,2260$.

Longitude cherchée : $22^h + 1^m \times \dfrac{44^s,149}{2,226} = 22^h$ $19^m,8333$ Ouest de Paris;

ou bien   $1^h$ $40^m,1667$ Est de Paris = $1^h$ $40^m$ $10^s,002$ Est de Paris.

Et, en degrés    :   **$25°$ $2'$ $30'',03$ Est de Paris.**
Paris-Greenwich : +  $2°$ $20'$ $14'',40$

**$27°$ $22'$ $44'',43$ Est de Greenwich.**

---

**Lundi 20 mars 1899.** — Cercle Ouest. dh = $2^m$ $45^s,156$ par $\gamma$ Gémeaux, $\alpha^1$ Gémeaux, $\alpha$ Petit Chien et $\beta$ Gémeaux.

Ascension droite centre Lune, au méridien de $22^h$ :    $7^h$ $13^m$ $21^s,17$
Correction de Newcomb : —      $1^s,53$

AR corrigée :   $7^h$ $13^m$ $19^s,640$
AR observée :   $7^h$ $14^m$ $1^s,933$

Différence :     $42^s,293$

Variation en AR, pour $1^m$ de longitude, au méridien de $22^h$ : +   $2^s,1392$
Id.,        id.,       id.     de $23^h$ : +   $2^s,1355$

Différence seconde : —   $0^s,0037$

Variation en AR, pour $1^m$ de longitude, au méridien de $22^h$ $10^m = + 2^s,1392 - \dfrac{0^s,0037 \times 10}{60} = + 2^s,1392 - 0^s,0006 = + 2^s,1386$.

Longitude cherchée : $22^h + 1^m \times \dfrac{42,293}{2,1386} = 22^h$ $10^m,7760$ Ouest de Paris;

ou bien   $1^h$ $40^m,2240$ Est de Paris = $1^h$ $40^m$ $13^s,44$ Est de Paris.

Et, en degrés    :   **$25°$ $3'$ $21'',60$ Est de Paris.**
Paris-Greenwich : +  $2°$ $20'$ $14'',40$

**$27°$ $23'$ $36'',00$ Est de Greenwich.**

# CALCUL DES LONGITUDES

**Mardi 21 mars 1899.** — Cercle Est. dh = — $2^m$ $43^s,855$ par $\alpha^2$ Gémeaux, $\alpha$ Petit Chien, $\beta$ Gémeaux, $\delta$ Hydre et $\delta$ Cancri.

| | |
|---|---|
| Ascension droite centre Lune, au méridien de 22ʰ : | 8ʰ 3ᵐ 38ˢ,760 |
| Correction de Newcomb : | — 1ˢ,470 |
| Æ corrigée : | 8ʰ 3ᵐ 37ˢ,290 |
| Æ observée : | 8ʰ 4ᵐ 17ˢ,759 |
| Différence : | 40ˢ,469 |

| | |
|---|---|
| Variation en Æ, pour 1ᵐ de longitude, au méridien de 22ʰ : | + 2ˢ,0533 |
| Id., id., id. 23ʰ : | + 2ˢ,0500 |
| Différence seconde : | — 0ˢ,0033 |

Variation en Æ, pour 1ᵐ de longitude, au méridien de 22ʰ 10ᵐ $= + 2^s,0533 - \dfrac{0^s,0033 \times 10}{60} = + 2^s,0533 - 0^s,0005 = + 2^s,0528$.

Longitude cherchée : 22ʰ $+ 1^m \times \dfrac{40,469}{2,0528} = $ 22ʰ 10ᵐ,7145 Ouest de Paris;

ou bien 1ʰ 40ᵐ,2855 Est de Paris $=$ 1ʰ 40ᵐ 17ˢ,13 Est de Paris.

Et, en degrés : **25° 4′ 16″,95 Est de Paris.**

Paris-Greenwich : $+$ 2° 20′ 14″,40

**27° 24′ 31″,35 Est de Greenwich.**

---

**Jeudi 23 mars 1899.** — Cercle Ouest. dh = — $2^m$ $47^s,670$ par $\alpha$ Hydre, o Lion, $\mu$ Lion et $\alpha$ Lion.

| | |
|---|---|
| Ascension droite centre Lune, au méridien de 22ʰ : | 0ʰ 38ᵐ 59ˢ,08 |
| Correction de Newcomb : | — 1ˢ,36 |
| Æ corrigée : | 0ʰ 38ᵐ 57ˢ,720 |
| Æ observée : | 0ʰ 39ᵐ 35ˢ,692 |
| Différence : | 37ˢ,972 |

| | |
|---|---|
| Variation en Æ, pour 1ᵐ de longitude, au méridien de 22ʰ : | + 1ˢ,9353 |
| Id., id., id. 23ʰ : | + 1ˢ,9340 |
| Différence seconde : | — 0ˢ,0013 |

Variation en Æ, pour 1ᵐ de longitude, au méridien de 22ʰ 10ᵐ $= + 1^s,9353 - \dfrac{0^s,0013 \times 10}{60} = + 1^s,9353 - 0^s,0002 = + 1^s,9351$.

Longitude cherchée : 22ʰ $+ 1^m \times \dfrac{37,972}{1,9351} = $ 22ʰ 10ᵐ,0228 Ouest de Paris;

ou bien 1ʰ 40ᵐ,3772 Est de Paris $=$ 1ʰ 40ᵐ 22ˢ,632 Est de Paris.

Et, en degrés : **25° 5′ 39″,48 Est de Paris.**

Paris-Greenwich : $+$ 2° 20′ 14″,40

**27° 25′ 53″,88 Est de Greenwich.**

## CALCUL DES LONGITUDES

#### —————— Longitude de Lofoï par les culminations lunaires ——————

Mercredi   22 février 1899 : 27° 16' 31",50  Est de Greenwich
Samedi       4 mars   1899 : 27° 25' 39",06        »
Dimanche 10      »          : 27° 22' 44",43        »
Lundi      20      »          : 27° 23' 36",00        »
Mardi      21      »          : 27° 24' 31",35        »
Jeudi      23      »          : 27° 25' 53",88        »

Nous rejetons le résultat obtenu le mercredi 22 février; son écart marqué avec les autres résultats provient vraisemblablement de la forte déviation azimutale ($+ 2^m 12^s,39$) qui affectait la mise en station de l'instrument le premier jour de travail.

La moyenne des cinq autres observations donne comme longitude de Lofoï :

**27° 24' 28",95 Est de Greenwich.**

Erreur moyenne : $\pm$ 36".

#### —————— Calcul de la longitude de Lofoï par le transport de l'Heure depuis Ka-Béça ——————

**Vendredi 3 mars 1899.**

Chronomètre 737 : dh à Ka-Béça, le 1er février 1899, à 6h          :  $+$   $1^m 21^s,620$
            Variation jusqu'au 3  mars         8h          :  $-$        $22^s,341$

            dh à Ka-Béça, le          id.          8h          :  $+$   $0^m 59^s,279$
            dh à Lofoï,          id.          8h          :  $-$   $2^m 20^s,250$

                     Différence de longitude :  $-$   $3^m 28^s,529$

Chronomètre 733 : dh à Ka-Béça, le 1er février 1899, à 6h          :  $+$   $0^m 22^s,636$
            Variation jusqu'au 3  mars         8h          :  $+$        $18^s,024$

            dh à Ka-Béça, le          id.          8h          :  $+$   $6^m 40^s,660$
            dh à Lofoï,          id.          8h          :  $+$   $3^m 4^s,200$

                     Différence de longitude :  $-$   $3^m 36^s,460$

Moyenne des deux chronomètres : $- 3^m 32^s,495$ :  $-$ 0° 53' 7",42
Longitude de Ka-Béça                                    :  28° 31' 16",00

                     **Longitude de Lofoï :   27° 28' 8",58 Est Greenwich.**

#### —————— Longitude définitive de Lofoï ——————

Par cinq culminations lunaires nous avons obtenu longitude de Lofoï :   27° 24' 28",95
Par le transport de l'Heure                                         :   27° 28' 8",58

Nous donnerons un poids 3 aux culminations et un poids 1 au transport de l'Heure, ce qui nous fournira pour **longitude définitive de Lofoï : 27° 25' 23",86 Est de Greenwich.**

### Remarque.

Le transport de l'Heure a donné longitude Lofoï :   27° 28' 8",58
Nous trouvons longitude définitive de Lofoï        :   27° 25' 23",86

                     Différence :   $-$ 2' 44",72

Nous corrigerons les longitudes entre Ka-Béça et Lofoï de la moitié de cette différence, soit correction $= - 1' 22",36.$

# Altimétrie.

Le baromètre à mercure nous a fourni, pour l'altitude du niveau du lac Moéro, à M'pwéto-station : 95o mètres.

Entre M'pwéto-station et Ka-Béça-village (Sud du Moéro), nous avons pris les altitudes à l'anéroïde n⁰ 5o1.

Le contrôle de cet instrument par le baromètre à mercure nous autorise à lui accorder toute confiance.

Le village Ka-Béça n'est qu'à quelques mètres au-dessus du niveau du lac.

Entre Ka-Béça-village et Lofoï-station, nous avons de nouveau employé l'anéroïde n⁰ 5o1.

Jusqu'au village Pa-Windé, le sentier suivi par nous courait dans l'ancien lit du lac, et les différences d'altitude furent quasi-insensibles.

A partir de Pa-Windé notre marche, qui avait été jusque-là à peu près Nord-Sud, s'orienta franchement Est-Ouest, vers les hauteurs Kou'n'déloungou.

Le mardi 14 février 1899, pendant l'étape de Pa-Windé à la rivière N'toungwé, je m'aperçus que l'anéroïde 5o1 ne modifiait pas ses indications, alors que nous nous élevions sensiblement.

Aux chutes de Lo-Pembé (rivièvе Lou-Alala), je dévissai la glace de l'instrument pour dégager l'axe de l'aiguille qui touchait légèrement au bord du trou central du cadran, et l'anéroïde put reprendre son fonctionnement régulier.

Toutefois nous devions pour ce jour-là (14 février 1899) renoncer à tirer parti de ses indications, l'erreur constante de l'instrument n'étant plus connue.

Le lendemain, mercredi 15 février 1899, pendant l'étape de la N'toungwé à la rivière Ka-Boula-M'pakati, nous fîmes usage des deux anéroïdes 5o1 et 5o2.

Je pus ainsi constater que le 5o1 avait bien repris une marche régulière.

A l'arrivée à Lofoï, les anéroïdes furent mis immédiatement en comparaison avec le baromètre à mercure, ce qui permit de déterminer la nouvelle erreur de l'anéroïde 5o1 ; elle était devenue plus petite qu'avant l'opération faite aux chutes Lo-Pembé.

Grâce à l'altitude absolue calculée à Lofoï-station, nous pûmes nous servir des indications de l'anéroïde depuis le campement de la rivière N'toungwé jusqu'à Lofoï.

## CALCUL DES ALTITUDES

——————— Station à Lofoï-Station ———————

Les relevés du thermographe et du barographe, du 22 février 1899 au 27 mars 1899, nous ont fourni les résultats suivants :

|  |  | Moyenne thermométrique | Moyenne barométrique |
|---|---|---|---|
| Du mercredi 22 février 1899 au lundi 27 février : | | 22°,25 | 687$^{mm}$,25 |
| Du lundi 27 id. id. 6 mars : | | 21°,75 | 686$^{mm}$,50 |
| Id. 6 mars id. 13 id. : | | 21°,25 | 686$^{mm}$,50 |
| Id. 13 id. id. 20 id. : | | 23°,00 | 687$^{mm}$,50 |
| Id. 20 id. id. 27 id. : | | 22°,50 | 686$^{mm}$,50 |
| **Moyenne du 22 février au 27 mars 1899 :** | | **22°,15** | **686$^{mm}$,65** |

|  | $t' = 20°$ | Différence | $t' = 25°$ | Différence |
|---|---|---|---|---|
| Pour h = 687$^{mm}$,00 | $\Delta = 888^m,1$ | | 903$^m$,4 | |
| | | 12$^m$,7 | | 12$^m$,8 |
| Pour h = 686$^{mm}$,00 | $\Delta = 900^m,8$ | | 916$^m$,2 | |

Pour h = 686$^{mm}$,65 on aura : pour $t' = 20°$ : $\Delta =$ 892$^m$,60

pour $t' = 25°$ : $\Delta =$ 907$^m$,90

Différence pour 5° : 15$^m$,30

Différence pour 2°,15 : 6$^m$,60

**Altitude de Lofoï-station : 892$^m$,60 + 6$^m$,60 = 899$^m$,20 = 900 mètres**

**Remarque.** — Voulant contrôler les indications du baromètre à mercure — système du capitaine George — dont était munie la mission, je déterminai la pression atmosphérique au moyen de l'hypsomètre de Regnault, modifié par Fuess.

Les thermomètres appliqués par Fuess à l'hypsomètre de Regnault portent une échelle millimétrique (et pas échelle thermométriqne) fournissant directement la pression atmosphérique.

Nous obtinmes les résultats suivants :

Lundi 3 avril 1899.

| | | |
|---|---|---|
| Thermomètre n° 496 | : | 686$^{mm}$,10 |
| Id. n° 498 | : | 687$^{mm}$,00 |
| Baromètre à mercure | : | 687$^{mm}$,06 |
| Anéroïde n° 501 | : | 686$^{mm}$,00 |
| Id. n° 502 | : | 681$^{mm}$,20 |
| Barographe Richard | : | 687$^{mm}$,75 |

Les corrections aux thermomètres de l'hypsomètre ayant été trouvées par M. Walraevens, — de l'Observatoire d'Uccle — égales pour le 496 à 0$^{mm}$,10 et pour le 498 à 0$^{mm}$,00, il n'y a pas lieu d'en tenir compte.

Et le tableau ci-dessus nous montre une remarquable concordance dans les indications des instruments barométriques.

# Magnétisme.

# OBSERVATIONS MAGNÉTIQUES

—————— Station à la rivière Mo-Lombé (ancien village Ka-Loulwa) ——————

**Déclinaison**, au théodolite d'Hurlimann,  le Mercredi 11 janvier 1899, de 11ʰ 10ᵐ à 11ʰ 50ᵐ.

|  | Cercle Est | | | Cercle Ouest | |
|---|---|---|---|---|---|
| **Aiguille droite** | | | | | |
| Pointe Nord | 171° 21' 30",00 | 351° 21' 30",00 | | 352° 5' 00",00 | 172° 5' 00",00 |
| Id. Sud | 171° 18' 00",00 | 351° 17' 30",00 | | 352° 12' 00",00 | 172° 12' 00",00 |
| Oscillation | | | | | |
| Pointe Sud | 171° 21' 00",00 | 351° 21' 00",00 | | 352° 12' 00",00 | 172° 12' 00",00 |
| Id. Nord | 171° 29' 00",00 | 351° 29' 30",00 | | 352° 9' 30",00 | 172° 9' 30",00 |
| **Aiguille renversée** | | | | | |
| Pointe Nord | 171° 59' 00",00 | 351° 59' 00",00 | | 352° 20' 00",00 | 172° 20' 00",00 |
| Id. Sud | 171° 49' 00",00 | 351° 49' 00",00 | | 352° 21' 30",00 | 172° 21' 30",00 |
| Oscillation | | | | | |
| Pointe Sud | 171° 45' 00",00 | 351° 45' 00",00 | | 352° 19' 00",00 | 172° 19' 30",00 |
| Id. Nord | 171° 48' 00",00 | 351° 48' 00",00 | | 352° 15' 00",00 | 172° 15' 00",00 |
| Moyennes : | 171° 36' 19",00 | 351° 36' 10",00 | | 352° 14' 15",00 | 172° 14' 19",00 |
| Jalon : | 183° 55' 00",00 | 3° 54' 30",00 | | 3° 54' 30",00 | 183° 55' 00",00 |
| Déclinaisons : | 12° 18' 41",00 | 12° 18' 11",00 | | 11° 40' 15",00 | 11° 40' 41",00 |
| Moyennes : | 12° 18' 26",00 | | | 11° 40' 28",00 | |
| Déviations azimutales : | + 9' 34",95 | | | + 14' 23",25 | |
| Déclinaisons corrigées : | 12° 28' 00",95 | | | 11° 54' 51",25 | |

**Moyenne ou déclinaison magnétique : 12° 11' 26",10**

**Inclinaison**, au magnétomètre Delporte,  le Mercredi 11 janvier 1899, de 13ʰ 30ᵐ à 14ʰ

|  |  | Barreau I | Barreau II |  |  |
|---|---|---|---|---|---|
| **Objectif Nord** | Aiguille droite | haut | bas : | 3° 57' 00",00 | 183° 52' 00",00 |
| | | bas | haut : | 2° 29' 00",00 | 182° 24' 00",00 |
| | Aiguille renversée | bas | haut : | 2° 35' 00",00 | 182° 30' 00",00 |
| | | haut | bas : | 3° 43' 00",00 | 183° 38' 30",00 |
| **Objectif Sud** | Aiguille renversée | haut | bas : | 3° 33' 00",00 | 183° 31' 30",00 |
| | | bas | haut : | 2° 20' 00",00 | 182° 20' 00",00 |
| | Aiguille droite | bas | haut : | 2° 27' 00",00 | 182° 25' 00",00 |
| | | haut | bas : | 3° 29' 30",00 | 183° 28' 00",00 |
| | Moyennes : | | | 3° 5' 18",75 | 183° 1' 52",50 |
| | Jalon | | | 359° 58' 30",00 | 179° 55' 00",00 |
| | $\delta =$ | | | 3° 6' 48",75 | 3° 6' 52",50 |

$\log C = 1,1481510$

$\log \sin \delta = \overline{2},7350034$

$\log \operatorname{tg} i = \overline{1},8831564$

$\mathbf{i = 37° 23' \ 1",80}$

$\delta$ définitif = 3° 6' 50",02

**Intensité horizontale,**  le Mercredi 11 janvier 1899, de 14ʰ à 14ʰ 30ᵐ.

| Objectif Nord | aiguille droite | : 24 oscillations, en | 2ᵐ 6ˢ,65 | temps sidéral. |
|---|---|---|---|---|
| | aiguille renversée | : 24 | id. | 2ᵐ 8ˢ,80 | id. |
| Objectif Sud | aiguille droite | : 24 | id. | 2ᵐ 2ˢ,80 | id. |
| | aiguille renversée | : 24 | id. | 2ᵐ 3ˢ,40 | id. |

96 oscillations en 8ᵐ 21ˢ,65 temps sidéral = 8ᵐ 20ˢ,280 temps moyen.

T = 1 oscillation en 5ˢ,21125 temps moyen.

$$\begin{aligned} - \log L &= - 2,3033898 \\ + \log T^2 &= + 1,4338838 \\ \hline \log H &= - 0,8695060 = \overline{1},1304940 \end{aligned}$$

$\mathbf{H = 0,135049 = 0,1350}$

Pendant la détermination de l'Inclinaison et de l'Intensité horizontale, orage à distance ; un seul coup de tonnerre au-dessus de nous.

# OBSERVATIONS MAGNÉTIQUES

## Station au village Mo-Banga

**Déclinaison**, au théodolite d'Hurlimann,   le Samedi 14 janvier 1899, de 9ʰ 15ᵐ à 10ʰ.

|  |  | Cercle Est |  | Cercle Ouest |  |
|---|---|---|---|---|---|
| **Aiguille droite** | Pointe Nord | 145° 6' 00",00 | 325° 6' 30",00 | 325° 27' 00",00 | 145° 27' 30",00 |
|  | Id.  Sud | 144° 51' 00",00 | 324° 51' 00",00 | 325° 27' 00",00 | 145° 27' 30",00 |
|  | Oscillation |  |  |  |  |
|  | Pointe Sud | 145° 1' 00",00 | 325° 1' 30",00 | 325° 32' 00",00 | 145° 32' 00",00 |
|  | Id.  Nord | 145° 15' 00",00 | 325° 15' 00",00 | 325° 29' 00",00 | 145° 29' 00",00 |
| **Aiguille renversée** | Pointe Nord | 145° 27' 00",00 | 325° 27' 3 ",00 | 325° 39' 00",00 | 145° 39' 30",00 |
|  | Id.  Sud | 145° 18' 00",00 | 325° 18' 00",00 | 325° 44' 30",00 | 145° 45' 00",00 |
|  | Oscillation |  |  |  |  |
|  | Pointe Sud | 145° 18' 00",00 | 325° 18' 30",00 | 325° 50' 00",00 | 145° 50' 50",00 |
|  | Id.  Nord | 145° 30' 00",00 | 325° 30' 00",00 | 325° 37' 00",00 | 145° 37' 00",00 |
|  | Moyennes : | 145° 13' 15",00 | 325° 13' 30",00 | 325° 35' 41",25 | 145° 36' 2",50 |
|  | Jalon : | 157° 51' 00",00 | 337° 51' 30",00 | 337° 51' 30",00 | 157° 51' 00",00 |
|  | Déclinaisons : | 12° 37' 45",00 | 12° 38' 00",00 | 12° 15' 48",75 | 12° 14' 57",50 |

Moyennes : 12° 37' 52",50    12° 15' 23",12

Déviations azimutales : — 7' 52",50    — 7' 40",65

Déclinaisons corrigées : 12° 30' 00",00    12° 7' 42",47

**Moyenne ou déclinaison définitive :   12° 18' 51",24.**

---

**Inclinaison**, au magnétomètre Delporte,   le Samedi 14 janvier 1899, de 16ʰ 15ᵐ à 16ʰ 40ᵐ.

|  | Barreau I | Barreau II |  |  |
|---|---|---|---|---|
| Aiguille droite | haut | bas : | 357° 16' 00",00 | 177° 12' 00",00 |
|  | bas | haut : | 358° 47' 00",00 | 178° 41' 00",00 |
| Aiguille renversée | bas | haut : | 358° 37' 00",00 | 178° 33' 30",00 |
|  | haut | bas : | 357° 20' 00",00 | 177° 16' 00",00 |
| Aiguille renversée | haut | bas : | 356° 4' 00",00 | 176° 3' 30",00 |
|  | bas | haut : | 357° 26' 00",00 | 177° 25' 00",00 |
| Aiguille droite | bas | haut : | 357° 18' 30",00 | 177° 18' 00",00 |
|  | haut | bas : | 356° 12' 00",00 | 176° 12' 00",00 |
|  | Moyennes : |  | 357° 22' 33",75 | 177° 20' 7",50 |
|  | Jalon : |  | 359° 58' 30",00 | 179° 54' 00",00 |
|  | $\delta =$ |  | 2° 35' 56",25 | 2° 33' 52",50 |

$\delta$ définitif = 2° 34' 54",37

log C      = 1,1481510
log sin $\delta$ = $\bar{2}$,6536540
log tg  $i$ = $\bar{1}$,8018050

**$i = 32° 21' 27",10$**

---

**Intensité horizontale.**   le Samedi 14 janvier 1899, de 16ʰ 45ᵐ à 17ʰ 20ᵐ.

Objectif Nord  { aiguille droite   : 24 oscillations en 2ᵐ 4ˢ,10 temps sidéral.
id.  renversée : 24   id.   2ᵐ 3ˢ,50   id.

Objectif Sud  { id.  droite   : 24   id.   2ᵐ 3ˢ,30   id.
id.  renversée : 24   id.   2ᵐ 3ˢ,30   id.

96 oscillations en 8ᵐ 14ˢ,20 temps sidéral = 492ˢ,85 temps moyen.

T = 1 oscillation en 5ˢ,13385 temps moyen.

— log L = — 2,3033898
+ log T² = + 1,4208862

log H = — 0,8825036 = $\bar{1}$,1174964

**H = 0,131065 = 0,1311**

# OBSERVATIONS MAGNÉTIQUES

**———— Station au campement de Mo-Linga ————**

**Déclinaison,** au théodolite d'Hurlimann,  le Mercredi 18 janvier 1899, de 6ʰ 15ᵐ à 7ʰ.

|  |  | Cercle Est. |  | Cercle Ouest. |  |
|---|---|---|---|---|---|
| **Aiguille droite** | Pointe Nord | 140° 29' 00",00 | 320° 28' 30",00 | 321° 4' 30",00 | 141° 4' 00",00 |
|  | Id. Sud | 140° 28' 00",00 | 320° 28' 00",00 | 321° 1' 00",00 | 141° 0' 30",00 |
|  | Oscillation |  |  |  |  |
|  | Pointe Sud | 140° 31' 00",00 | 320° 31' 00",00 | 321° 0' 00",00 | 141° 0' 15",00 |
|  | Id. Nord | 140° 37' 30",00 | 320° 37' 00",00 | 320° 59' 45",00 | 140° 59' 45",00 |
| **Aiguille renversée** | Pointe Nord | 140° 55' 00",00 | 320° 54' 45",00 | 321° 7' 30",00 | 141° 7' 30",00 |
|  | Id. Sud | 140° 49' 00",00 | 320° 48' 45",00 | 321° 7' 00",00 | 141° 7' 30",00 |
|  | Oscillation |  |  |  |  |
|  | Pointe Sud | 140° 44' 30",00 | 320° 44' 45",00 | 321° 8' 30",00 | 141° 8' 00",00 |
|  | Id. Nord | 140° 45' 30",00 | 320° 45' 30",00 | 321° 4' 00",00 | 141° 3' 30",00 |
|  | Moyennes : | 140° 39' 50",25 | 320° 39' 46",88 | 321° 4' 2",00 | 141° 3' 52",50 |
|  | Jalon : | 153° 24' 30",00 | 333° 25' 00",00 | 333° 25' 00",00 | 153° 24' 30",0 |
|  | Déclinaisons : | 12° 44' 33",75 | 12° 45' 13",12 | 12° 20' 58",00 | 12° 20' 37",50 |
|  | Moyennes : | 12° 44' 53",44 |  | 12° 20' 47",75 |  |
|  | Déviations azimutales : | + 8",10 |  | — 10",20 |  |
|  | Déclinaisons corrigées : | 12° 45' 1",54 |  | 12° 20' 37",55 |  |

Moyenne : 12° 32' 49",55
Déviation du jalon : + 0' 30",00

**Déclinaison définitive : 12° 42' 19",55**

---

**Inclinaison,** au magnétomètre Delporte.  le Mercredi 18 janvier 1899, de 7ʰ 5ᵐ à 7ʰ 30ᵐ.

|  |  | Barreau I | Barreau II |  |  |
|---|---|---|---|---|---|
| **Objectif Nord** | Aiguille droite | haut bas : | 356° 36' 00",00 | 176° 35' 00",00 |  |
|  |  | bas haut : | 357° 35' 00",00 | 177° 35' 00",00 |  |
|  | Aiguille renversée | bas haut : | 357° 35' 00",00 | 177° 35' 00",00 |  |
|  |  | haut bas : | 356° 2' 30",00 | 176° 3' 00",00 |  |
| **Objectif Sud** | Aiguille renversée | haut bas : | 356° 15' 00",00 | 176° 8' 00",00 |  |
|  |  | bas haut : | 357° 34' 00",00 | 177° 27' 30",00 |  |
|  | Aiguille droite | bas haut : | 357° 33' 30",00 | 177° 28' 00",00 |  |
|  |  | haut bas : | 356° 25' 30",00 | 176° 20' 00",00 |  |
|  |  | Moyennes : | 356° 57' 3",75 | 176° 53' 56",25 |  |
|  |  | Jalon : | 359° 59' 00",00 | 179° 58' 00",00 |  |
|  |  | δ = | 3° 1' 56",25 | 3° 4' 3",75 |  |

δ définitif = 3° 3' 00",00

$$\log C = 1{,}1481510$$
$$\log \sin \delta = \overline{2}{,}7259721$$
$$\log \operatorname{tg} i = \overline{1}{,}8741231$$

**i = 36° 48' 37",80**

---

**Intensité horizontale,**  le Mercredi 18 janvier 1899, de 7ʰ 40ᵐ à 8ʰ.

| **Objectif Nord** | aiguille droite | : 24 oscillations en | 2ᵐ 4ˢ,00 temps sidéral. |
|---|---|---|---|
|  | id. renversée | : 24 id. | 2ᵐ 5ˢ,00 id. |
| **Objectif Sud** | id. droite | : 24 id. | 2ᵐ 4ˢ,00 id. |
|  | id. renversée | : 24 id. | 2ᵐ 3ˢ,00 id. |

96 oscillations en 8ᵐ 16ˢ,00 temps sidéral = 494ˢ,65 temps moyen.
T = 1 oscillation en 5ˢ,15260 temps moyen.

$$- \log L = - 2{,}3033898$$
$$+ \log T^2 = + 1{,}4240528$$
$$\log H = - 0{,}8793370 = \overline{1}{,}1206630$$

**H = 0,132026 = 0,1320**

# OBSERVATIONS MAGNÉTIQUES

### Station à Ka-Béça-Village (chef Ki-Lomba)

**Déclinaison**, au magnétomètre Delporte,      le Lundi 23 janvier 1899, de 15ʰ à 15ʰ 30ᵐ.

|  |  | 1ʳᵉ aiguille | | 2ᵉ aiguille | |
|---|---|---|---|---|---|
| Objectif Nord | aiguille droite | 12° 40′ 30″,00 | 192° 37′ 00″,00 | 12° 18′ 00″,00 | 192° 13′ 30″,00 |
|  | id. renversée | 12° 40′ 30″,00 | 192° 37′ 00″,00 | 12° 49′ 30″,00 | 192° 46′ 30″,00 |
| Objectif Sud | aiguille renversée | 12° 45′ 00″,00 | 192° 44′ 00″,00 | 12° 45′ 30″,00 | 192° 44′ 30″,00 |
|  | id. droite | 12° 40′ 30″,00 | 192° 38′ 30″,00 | 12° 9′ 00″,00 | 192° 8′ 00″,00 |
|  | Moyennes : | 12° 41′ 37″,50 | 192° 39′ 7″,50 | 12° 30′ 30″,00 | 192° 27′ 37″,50 |
|  | Jalon : | 0° 0′ 00″,00 | 179° 56′ 30″,00 | 0° 0′ 00″,00 | 179° 56′ 30″,00 |
|  | Déclinaisons : | 12° 41′ 37″,50 | 12° 42′ 37″,50 | 12° 30′ 30″,00 | 12° 31′ 7″,50 |
|  | Moyennes : | 12° 42′ 7″,50 | | 12° 30′ 48″,75 | |
|  | Déviations azimutales : | — 1′ 18″,00 | | — 1′ 18″,90 | |
|  | Moyennes corrigées : | 12° 40′ 48″,60 | | 12° 29′ 29″,85 | |

Moyenne des deux aiguilles :      **12° 35′ 9″,22.**

---

**Inclinaison**,      le Lundi 23 janvier 1899, de 15ʰ 30ᵐ à 15ʰ 45ᵐ.

|  |  | Barreau I | Barreau II |  |  |
|---|---|---|---|---|---|
| Objectif Nord | Aiguille droite | haut | bas : | 3° 41′ 00″,00 | 183° 38′ 00″,00 |
|  |  | bas | haut : | 2° 23′ 00″,00 | 182° 19′ 30″,00 |
|  | Aiguille renversée | bas | haut : | 1° 23′ 00″,00 | 182° 19′ 30″,00 |
|  |  | haut | bas : | 3° 43′ 30″,00 | 183° 40′ 00″,00 |
| Objectif Sud | Aiguille renversée | haut | bas : | 3° 49′ 30″,00 | 183° 46′ 30″,00 |
|  |  | bas | haut : | 2° 35′ 00″,00 | 182° 33′ 00″,00 |
|  | Aiguille droite | bas | haut : | 1° 23′ 30″,00 | 182° 21′ 00″,00 |
|  |  | haut | bas : | 3° 43′ 00″,00 | 183° 39′ 00″,00 |
|  | Moyennes : | | | 3° 5′ 11″,25 | 183° 2′ 3″,75 |
|  | Jalon : | | | 0° 0′ 0″,00 | 179° 56′ 30″,00 |
|  | δ = | | | 3° 5′ 11″,25 | 3° 5′ 33″,75 |

$\log C = 1{,}1481510$

$\log \sin \delta = \overline{2}{,}7315668$

$\log \operatorname{tg} i = \overline{1}{,}8797178$

**i = 87° 9′ 54″,80**

δ définitif =      3° 5′ 22″,50

---

L'Intensité horizontale à Ka-Béça-village ne put être prise le 23 janvier, le vent s'étant élevé et s'opposant à l'installation de l'intensimètre.
Sa détermination eut lieu :

**Intensité horizontale**,      le Mercredi 1ᵉʳ février 1899, de 15ʰ 30ᵐ à 16ʰ 30ᵐ.

| | | | | | |
|---|---|---|---|---|---|
| Objectif Nord | aiguille droite | : 24 oscillations en | 2ᵐ 0ˢ,30 temps sidéral. | | |
|  | id. renversée : 24 | id. | 2ᵐ 0ˢ,00 | id. | |
| Objectif Sud | aiguille droite | : 24 | id. | 2ᵐ 4ˢ,35 | id. |
|  | id. renversée : 24 | id. | 2ᵐ 4ˢ,00 | id. | |

96 oscillations en 8ᵐ 20ˢ,65 temps sidéral = 499ˢ,282 temps moyen.

T = 1 oscillation en 5ˢ,20085 temps moyen.

$$- \log L = - 2{,}3033898$$
$$+ \log T^2 = + 1{,}4321486$$
$$\log H = - 0{,}8712412 = \overline{1}{,}1287588$$

**H = 0,134512 = 0,1345**

# OBSERVATIONS MAGNÉTIQUES

### Station au village Wamôla (chef Ka'n'Samball)

**Déclinaison,** au théodolite d'Hurlimann,　　　　le Samedi 11 février 1899, de 8ʰ 40ᵐ à 0ʰ 20ᵐ.

|  |  | Cercle Est | | Cercle Ouest | |
|---|---|---|---|---|---|
| **Aiguille droite** | Pointe Nord | 145° 7' 00",00 | 325° 7' 00",00 | 325° 36' 30",00 | 145° 36' 00",00 |
|  | Id. Sud | 145° 3' 00",00 | 325° 3' 00",00 | 325° 37' 45",00 | 145° 37' 30",00 |
|  | Oscillation | | | | |
|  | Pointe Sud | 145° 2' 45",00 | 325° 2' 45",00 | 325° 39' 30",00 | 145° 40' 00",00 |
|  | Id. Nord | 145° 7' 30",00 | 325° 7' 30",00 | 325° 37' 30",00 | 145° 37' 30",00 |
| **Aiguille renversée** | Pointe Nord | 145° 27' 00",00 | 325° 27' 00",00 | 325° 42' 00",00 | 145° 42' 00",00 |
|  | Id. Sud | 145° 15' 00",00 | 325° 14' 30",00 | 325° 51' 00",00 | 145° 51' 00",00 |
|  | Oscillation | | | | |
|  | Pointe Sud | 145° 17' 00",00 | 325° 16' 30",00 | 325° 55' 00",00 | 145° 54' 30",00 |
|  | Id. Nord | 145° 24' 00",00 | 325° 23' 30",00 | 325° 47' 30",00 | 145° 47' 00",00 |
|  | Moyennes : | 145° 12' 54",38 | 325° 12' 43",12 | 325° 43' 20",62 | 145° 43' 11",25 |
|  | Jalon : | 157° 47' 00",00 | 337° 47' 30",00 | 327° 48' 00",00 | 157° 47' 00",00 |
|  | Déclinaisons : | 12° 34' 5",62 | 12° 34' 46",88 | 12° 4' 39",38 | 12° 3' 48",75 |
|  | Moyennes : | 12° 34' 26",25 | | 12° 4' 14",06 | |
|  | Déviations azimutales : | + 1' 52",05 | | + 1' 20",70 | |
|  | Déclinaisons corrigées : | 12° 36' 18",30 | | 12° 5' 34",76 | |

Moyenne : 12° 20' 56",53

Déviation du jalon : + 36' 00",00

**Déclinaison définitive : 12° 56' 56",53**

---

**Inclinaison,** au magnétomètre Delporte,　　　　le Samedi 11 février 1899, de 9ʰ 35ᵐ à 10ʰ.

| | | Barreau I | Barreau II | | |
|---|---|---|---|---|---|
| **Objectif Nord** | Aiguille droite | haut | bas : | 356° 15' 00",00 | 176° 13' 30",00 |
|  |  | bas | haut : | 357° 33' 00",00 | 177° 32' 00",00 |
|  | Aiguille renversée | bas | haut : | 357° 33' 00",00 | 177° 32' 00",00 |
|  |  | haut | bas : | 356° 13' 00",00 | 176° 11' 00",00 |
| **Objectif Sud** | Aiguille renversée | haut | bas : | 356° 11' 30",00 | 176° 7' 00",00 |
|  |  | bas | haut : | 357° 27' 00",00 | 177° 24' 00",00 |
|  | Aiguille droite | bas | haut : | 357° 34' 30",00 | 177° 29' 00",00 |
|  |  | haut | bas : | 356° 28' 30",00 | 176° 22' 30",00 |
|  | Moyennes : | | | 356° 54' 26",25 | 176° 51' 7",50 |
|  | Jalon : | | | 359° 57' 00",00 | 170° 54' 00",00 |
|  | δ = | | | 3° 2' 33",75 | 3° 2' 52",50 |

$$\log C = 1,1481510$$
$$+ \log \sin \partial = \overline{2},7252998$$
$$\log \operatorname{tg} i = \overline{1},8734508$$

$$i = 36° 48' 5",00$$

δ définitif = 3° 2' 43",12

---

**Intensité horizontale,**　　　　le Samedi 11 février 1899, de 10ʰ10ᵐ à 10ʰ 35ᵐ.

Objectif Nord — aiguille droite : 24 oscillations en 2ᵐ 5ˢ,60 temps sidéral.
　　　　　　　id. renversée : id. 2ᵐ 5ˢ,50 id.

Objectif Sud — id. droite : id. 2ᵐ 5ˢ,40 id.
　　　　　　　id. renversée : id. 2ᵐ 6ˢ,20 id.

96 oscillations en 8ᵐ 22ˢ,70 temps sidéral = 501ˢ,327 temps moyen

T = 1 oscillation en 5ˢ,22215 temps moyen.

$$- \log L = - 2,3033898$$
$$+ \log T^2 = + 1,4356986$$
$$\log H = - 0,8676912 = \overline{1},1323088$$

**H = 0,135614 = 0,1356**

# OBSERVATIONS MAGNÉTIQUES

**———— Station au village Pa-Windé (chef Ka-Pwassa) ————**

**Déclinaison**, au théodolite d'Hurlimann,  le Mardi 14 février 1899, de $6^h$ $15^m$ à $6^h$ $55^m$.

| | Cercle Est | | | Cercle Ouest | |
|---|---|---|---|---|---|
| Pointe Nord | 148° 42′ 15″,00 | 328° 42′ 30″,00 | | 329° 17′ 00″,00 | 149° 16′ 30″,00 |
| Id. Sud | 148° 30′ 00″,00 | 328° 30′ 00″,00 | | 329° 21′ 30″,00 | 149° 21′ 15″,00 |
| *Oscillation* | | | | | |
| Pointe Sud | 148° 33′ 00″,00 | 328° 33′ 00″,00 | | 329° 14′ 00″,00 | 149° 13′ 30″,00 |
| Id. Nord | 148° 44′ 00″,00 | 328° 44′ 30″,00 | | 329° 15′ 00″,00 | 149° 14′ 30″,00 |
| Pointe Nord | 148° 47′ 00″,00 | 328° 47′ 30″,00 | | 329° 23′ 15″,00 | 149° 23′ 00″,00 |
| Id. Sud | 148° 39′ 15″,00 | 328° 39′ 30″,00 | | 329° 29′ 30″,00 | 149° 30′ 00″,00 |
| *Oscillation* | | | | | |
| Pointe Sud | 148° 39′ 15″,00 | 328° 39′ 30″,00 | | 329° 37′ 30″,00 | 149° 37′ 00″,00 |
| Id. Nord | 148° 49′ 15″,00 | 328° 49′ 30″,00 | | 329° 25′ 00″,00 | 149° 24′ 45″,00 |
| Moyennes : | 148° 40′ 30″,00 | 328° 40′ 45″,00 | | 329° 22′ 50″,62 | 149° 22′ 33″,75 |
| Jalon : | 161° 55′ 30″,00 | 341° 55′ 30″,00 | | 341° 55′ 30″,00 | 161° 55′ 30″,00 |
| Déclinaisons : | 13° 15′ 00″,00 | 13° 14′ 45″,00 | | 12° 32′ 39″,38 | 12° 32′ 56″,25 |
| Moyennes : | 13° 14′ 52″,50 | | | 12° 32′ 47″,82 | |
| Déviations azimutales : | + 27′ 52″,20 | | | + 26′ 54″,30 | |
| Déclinaisons corrigées : | 13° 42′ 44″,70 | | | 12° 59′ 42″,12 | |

**Déclinaison définitive :  13° 21′ 13″,41.**

---

**Inclinaison**, au magnétomètre Delporte,  le Mardi 14 février 1899, de $7^h$ à $7^h$ $30^m$.

| | Barreau I | Barreau II | | | |
|---|---|---|---|---|---|
| Aiguille droite | haut | bas : | 3° 38′ 00″,00 | 183° 34′ 30″,00 | |
| | bas | haut : | 2° 10′ 00″,00 | 182° 16′ 00″,00 | |
| Aiguille renversée | bas | haut : | 1° 33′ 00″,00 | 182° 29′ 30″,00 | |
| | haut | bas : | 3° 45′ 00″,00 | 183° 41′ 00″,00 | log C = 1,1481510 |
| Aiguille renversée | haut | bas : | 3° 38′ 00″,00 | 183° 35′ 15″,00 | log sin δ = 2,7308055 |
| | bas | haut : | 2° 22′ 30″,00 | 182° 20′ 15″,00 | log tg $i$ = $\overline{1}$,8789565 |
| Aiguille droite | bas | haut : | 2° 20′ 30″,00 | 182° 27′ 00″,00 | |
| | haut | bas : | 3° 52′ 30″,00 | 183° 50′ 30″,00 | $i = 37°$ 7′ 00″,00 |
| Moyennes : | | | 3° 4′ 45″,75 | 183° 1′ 45″,00 | |
| Jalon : | | | 356° 50′ 30″,00 | 170° 57′ 00″,00 | |
| δ = | | | 3° 5′ 18″,75 | 3° 4′ 45″,00 | |

**δ définitif =  3° 5′ 1″,87.**

---

**Intensité horizontale**,  le Mardi 14 février 1899, de $7^h$ $35^m$ à $8^h$.

| | | | | | | |
|---|---|---|---|---|---|---|
| Objectif Nord | aiguille droite | : 24 oscillations en | $2^m$ | $7^s$,05 | temps sidéral. | |
| | id. renversée | : 24 | id. | $2^m$ | $0^s$,70 | id. |
| Objectif Sud | id. renversée | : 24 | id. | $2^m$ | $3^s$,95 | id. |
| | id. droite | : 24 | id. | $2^m$ | $4^s$,10 | id. |

96 oscillations en $8^m$ $21^s$,80 temps sidéral = 500$^s$,43 temps moyen.

T = 1 oscillation en 5$^s$,21281 temps moyen.

$$
\begin{aligned}
- \log L &= - 2,3033898 \\
+ \log T^2 &= + 1,4341438 \\
\hline
\log H &= - 0,8692460 = \overline{1},1307540
\end{aligned}
\qquad H = 0,135133 = 0,1351
$$

# OBSERVATIONS MAGNÉTIQUES

**————— Camp de la rivière Ka-Boula-M'pakati —————**

**Déclinaison,** au théodolite d'Hurlimann,     le Jeudi 16 février 1899, de 11ʰ à 11 30ᵐ.

| | Cercle Est | | Cercle Ouest | |
|---|---|---|---|---|
| **Aiguille droite** | | | | |
| Pointe Nord | 153° 2' 00″,00 | 333° 2' 00″,00 | 333° 39' 00″,00 | 153° 38' 30″,00 |
| Id. Sud | 152° 51' 00″,00 | 332° 51' 00″,00 | 333° 41' 45″,00 | 153° 41' 30″,00 |
| Oscillation | | | | |
| Pointe Sud | 152° 56' 00″,00 | 332° 56' 00″,00 | 333° 39' 00″,00 | 153° 38' 30″,00 |
| Id. Nord | 153° 7' 00″,00 | 333° 7' 00″,00 | 333° 39' 00″,00 | 153° 28' 30″,00 |
| **Aiguille renversée** | | | | |
| Pointe Nord | 153° 3' 00″,00 | 333° 3' 00″,00 | 333° 37' 30″,00 | 153° 38' 00″,00 |
| Id. Sud | 153° 1' 00″,00 | 333° 1' 00″,00 | 333° 43' 00″,00 | 153° 43' 00″,00 |
| Oscillation | | | | |
| Pointe Sud | 153° 1' 30″,00 | 333° 1' 30″,00 | 333° 44' 00″,00 | 153° 44' 00″,00 |
| Id. Nord | 153° 9' 00″,00 | 333° 9' 00″,00 | 333° 42' 00″,00 | 153° 42' 00″,00 |
| Moyennes : | 153° 1' 18″,75 | 333° 1' 18″,75 | 333° 40' 39″,37 | 153° 40' 30″,00 |
| Jalon : | 166° 25' 45″,00 | 346° 25' 45″,00 | 346° 25' 45″,00 | 166° 25' 45″,00 |
| Déclinaisons : | 13° 24' 26″,25 | 13° 24' 26″,25 | 12° 45' 5″,63 | 12° 45' 15″,00 |

Moyennes :     13° 24' 26″,25     12° 45' 10″,32

Déviations azimutales :     —  3' 4″,50     —  6' 1″,05

Déclinaisons corrigées :     13° 21' 21″,75     12° 39' 9″,27

**Déclinaison définitive :  13° 0' 15″,51**

---

**Inclinaison,** au magnétomètre Delporte,     le Jeudi 16 février 1899, de 11ʰ 40ᵐ à 12ʰ 5ᵐ.

| | Barreau I | Barreau II | | |
|---|---|---|---|---|
| **Objectif Nord** | | | | |
| Aiguille droite | haut | bas : | 3° 38' 30″,00 | 183° 35' 30″,00 |
| | bas | haut : | 2° 26' 30″,00 | 182° 22' 00″,00 |
| Aiguille renversée | bas | haut : | 2° 34' 30″,00 | 182° 29' 30″,00 |
| | haut | bas : | 3° 46' 00″,00 | 183° 42' 30″,00 |
| **Objectif Sud** | | | | |
| Aiguille renversée | haut | bas : | 3° 51' 30″,00 | 183° 49' 00″,00 |
| | bas | haut : | 2° 30' 00″,00 | 182° 28' 00″,00 |
| Aiguille droite | bas | haut : | 2° 10' 00″,00 | 182° 8' 00″,00 |
| | haut | bas : | 3° 45' 00″,00 | 183° 42' 30″,00 |
| Moyennes : | | | 3° 5' 15″,00 | 183° 2' 7″,50 |
| Jalon : | | | 359° 58' 30″,00 | 179° 55' 30″,00 |
| $\delta$ = | | | 3° 6' 45″,00 | 3° 6' 37″,50 |

$$\log C = 1{,}1481510$$
$$+ \log \sin \delta = \overline{2}{,}7346282$$
$$\log \operatorname{tg} i = \overline{1}{,}8827702$$

$$i = 37° 21' 35″,00$$

$\delta$ définitif =     3° 6' 41″,25

---

**Intensité horizontale,**     le Jeudi 16 février 1899, de 12ʰ 25ᵐ à 12ʰ 50ᵐ.

Objectif Nord
- aiguille droite : 24 oscillations en 2ᵐ 7ˢ,20 temps sidéral.
- id. renversée : 24 id. 2ᵐ 7ˢ,00 id.

Objectif Sud
- id. droite : 24 id. 2ᵐ 4ˢ,30 id.
- id. renversée : 24 id. 2ᵐ 4ˢ,00 id.

96 oscillations en 8ᵐ 22ˢ,50 temps sidéral = 501ˢ,1270 temps moyen.

T = 1 oscillation en 5ˢ,22007 temps moyen.

$$- \log L = - 2{,}3033808$$
$$+ \log T^2 = + 1{,}4353526$$
$$\log H = - 0{,}8680372 = \overline{1}{,}1319628$$

**H = 0,135508 = 0,1355**

# OBSERVATIONS MAGNÉTIQUES

## —————— Station à Lofoï-Station ——————

**Déclinaison,** au magnétomètre Delporte,       le Samedi 25 mars 1899, de 8ʰ à 8ʰ 40ᵐ.

| | 1ʳᵉ aiguille | | | 2ᵉ aiguille | |
|---|---|---|---|---|---|
| Nord { aiguille droite | 13° 17′ 30″,00 | 193° 17′ 00″,00 | | 13° 1′ 30″,00 | 193° 00′ 00″,00 |
| id. renversée | 13° 10′ 00″,00 | 193° 8′ 30″,00 | | 13° 17′ 00″,00 | 193° 16′ 00″,00 |
| Sud { aiguille renversée | 13° 11′ 30″,00 | 193° 7′ 00″,00 | | 13° 35′ 00″,00 | 193° 30′ 00″,00 |
| id. droite | 13° 6′ 00″,00 | 193° 1′ 30″,00 | | 13° 0′ 00″,00 | 192° 57′ 00″,00 |
| Moyennes : | 13° 11′ 15″,00 | 193° 8′ 30″,00 | | 13° 13′ 22″,50 | 193° 10′ 45″,00 |
| Jalon : | 359° 58′ 00″,00 | 170° 56′ 30″,00 | | 359° 58′ 00″,00 | 179° 56′ 30″,00 |
| Déclinaisons : | 13° 13′ 15″,00 | 13° 12′ 00″,00 | | 13° 15′ 22″,50 | 13° 14′ 15″ 00 |
| Moyennes : | 13° 12′ 37″,50 | | | 13° 14′ 48″,75 | |
| Déviations azimutales : | + 1′ 30″,00 | | | + 1′ 30″,00 | |
| Moyennes corrigées : | 13° 14′ 7″,50 | | | 13° 16′ 18″,75 | |

Moyenne des deux aiguilles  :       **13° 15′ 13″,12**

———

**Déclinaison,** au théodolite d'Hurlimann,       le Samedi 25 mars 1899, de 9ʰ 25ᵐ à 10ʰ 10ᵐ.

| | Cercle Est | | | Cercle Ouest | |
|---|---|---|---|---|---|
| Pointe Nord | 241° 23′ 00″,00 | 61° 22′ 30″,00 | | 61° 30′ 00″,00 | 241° 31′ 00″,00 |
| Id. Sud | 241° 10′ 00″,00 | 61° 9′ 30″,00 | | 61° 36′ 00″,00 | 241° 36′ 00″,00 |
| Oscillation | | | | | |
| Pointe Sud | 241° 10′ 30″,00 | 61° 10′ 30″,00 | | 61° 31′ 00″,00 | 241° 31′ 30″,00 |
| Id. Nord | 241° 22′ 00″,00 | 61° 21′ 30″,00 | | 61° 34′ 00″,00 | 241° 34′ 45″,00 |
| Pointe Nord | 241° 23′ 00″,00 | 61° 23′ 00″,00 | | 61° 58′ 00″,00 | 241° 50′ 00″,00 |
| Id. Sud | 241° 15′ 00″,00 | 61° 14′ 30″,00 | | 61° 57′ 30″,00 | 241° 58′ 30″,00 |
| Oscillation | | | | | |
| Pointe Sud | 241° 20′ 00″,00 | 61° 10′ 30″,00 | | 61° 48′ 00″,00 | 241° 48′ 0″,00 |
| Id. Nord | 241° 25′ 00″,00 | 61° 25′ 30″,00 | | 61° 44′ 30″,00 | 241° 45′ 30″,00 |
| Moyennes : | 241° 18′ 33″,75 | 61° 18′ 18″,75 | | 61° 42′ 7″,50 | 241° 42′ 50″,62 |
| Jalon : | 254° 41′ 30″,00 | 74° 41′ 00″,00 | | 74° 57′ 30″,00 | 254° 57′ 00″,00 |
| Déclinaisons : | 13° 22′ 50″,25 | 13° 22′ 41″,25 | | 13° 15′ 22″,50 | 13° 14′ 0″,38 |
| Moyennes : | 13° 22′ 48″,75 | | | 13° 14′ 45″,94 | |
| Déviations azimutales : | + 1′ 30″,00 | | | + 1′ 30″,00 | |
| Moyennes corrigées : | 13° 24′ 18″,75 | | | 13° 16′ 15″,94 | |

Déclinaison définitive  :       **13° 20′ 17″,35**

## OBSERVATIONS MAGNÉTIQUES

### Station à Lofoï-Station

**Inclinaison,**   le Samedi 25 mars 1899, de 10h 15m à 10h 30m.

|  | | Barreau I | Barreau II | | | |
|---|---|---|---|---|---|---|
| **Objectif Nord** | Aiguille droite | haut | bas : | 356° 7' 00",00 | 176° 4' 00",00 |
| | | bas | haut : | 357° 43' 00",00 | 177° 40' 00",00 |
| | Aiguille renversée | bas | haut : | 357° 36' 00",00 | 177° 33' 00",00 |
| | | haut | bas : | 356° 14' 00",00 | 176° 11' 00",00 |
| **Objectif Sud** | Aiguille renversée | haut | bas : | 355° 57' 30",00 | 175° 53' 30",00 |
| | | bas | haut : | 357° 24' 00",00 | 177° 20' 00",00 |
| | Aiguille droite | bas | haut : | 357° 13' 00",00 | 177° 15' 00",00 |
| | | haut | bas : | 356° 2' 30",00 | 175° 59' 30",00 |

Moyennes :   356° 47' 7",50   176° 44' 30",00

Jalon :   359° 58' 00",00   179° 55' 00",00

$\delta$ =   3° 10' 52",50   3° 10' 30",00

$\delta$ définitif =   3° 10' 41",25

$$\log C = 1{,}1481510$$
$$\log \sin \delta = \overline{2}{,}7438256$$
$$\log \operatorname{tg} i = \overline{1}{,}8919766$$

$$i = 37° 56' 45",00$$

---

**Intensité horizontale,**   le Samedi 25 mars 1899, de 10h 40m à 11h.

| | | | | | | |
|---|---|---|---|---|---|---|
| Objectif Nord | Aiguille droite | : 24 oscillations en | 2m 7s,00 | temps sidéral. |
| | id. renversée | : 24 id. | 2m 7s,30 | id. |
| Objectif Sud | id. droite | : 24 id. | 2m 4s,80 | id. |
| | id. renversée | : 24 id. | 2m 5s,00 | id. |

96 oscillations en 8m 24s,10 temps sidéral = 502s,7227 temps moyen.

T = 1 oscillation en 5s,23669 de temps moyen.

$$- \log L = - 2{,}3033898$$
$$+ \log T^2 = + 1{,}4381138$$
$$\log H = - 0{,}8652760 = \overline{1}{,}1347240.$$

$$\mathbf{H = 0{,}136372 = 0{,}1364}$$

ACHEVÉ D'IMPRIMER LE 28 MAI 1901
SUR LES PRESSES DE L'IMPRIMERIE CH. BULENS,
75, RUE TERRE-NEUVE, BRUXELLES

www.ingramcontent.com/pod-product-compliance
Ingram Content Group UK Ltd.
Pitfield, Milton Keynes, MK11 3LW, UK
UKHW022310120726
13694UKWH00004B/1358